Harald Fritzsch

ELEMENTARTEILCHEN

Bausteine der Materie

Verlag C. H. Beck

Mit 6 Abbildungen

Originalausgabe

Satz: Fotosatz Amann, Aichstetten
Druck und Bindung: Druckerei C. H. Beck, Nördlingen
Umschlagentwurf: Uwe Göbel, München
Printed in Germany
ISBN 3 406 50846 4

www.beck.de

Inhalt

I. Einführung

Bereits die Philosophen der Antike beschäftigten sich mit der Frage, woraus die uns umgebende Materie letztlich besteht. Stößt man an eine feste Grenze, wenn man ein Stück Materie, sei es ein Stück Holz oder ein Diamant, immer weiter zerlegt? Wenn ja, wie stellt sich eine solche Grenze dar? Gibt es kleinste, nicht mehr teilbare Objekte? Oder besteht die Grenze letztlich einfach darin, dass eine weitere Zerlegung der Materie aus irgendwelchen Gründen keinen Sinn mehr macht?

Eine Analogie sei hier beschrieben, beginnend mit der Frage: Was sind die Grundelemente der Deutschen Bücherei in Leipzig oder jeder anderen großen Bibliothek? Um der Sache auf den Grund zu gehen, betreten wir die Bücherei und finden Tausende von Büchern. Wir schlagen ein Buch auf und entdecken die Bausteine eines Buches: Wörter, oft mehr als hunderttausend Wörter. Wir erinnern uns, dass es Wörterbücher gibt, in denen alle Wörter stehen, Zehntausende von Wörtern, etwa im Duden. Ein Wort besteht aus Buchstaben. 26 verschiedene Buchstaben kennt unser Alphabet. Sie reichen aus, um alle Wörter in den Büchern aufzubauen.

Bücher werden heute oft mit dem Computer geschrieben. Das Schreibprogramm des Computers beschreibt die Buchstaben mit Hilfe spezieller Sequenzen von 0 und 1. Sie werden digitalisiert dargestellt, vergleichbar etwa mit dem Morsealphabet, das es erlaubt, jeden Buchstaben mit Hilfe einer Folge von Punkten und Strichen darzustellen:

a: · –, b: – · · ·, c: – · – ·, etc.

Alle Wörter können so auf bits zurückgeführt werden, auf die elementaren Bausteine von Information, auf Sequenzen von 0 und 1. Damit hat unsere Suche ein Ende. Es macht keinen Sinn, die Symbole 0 und 1 noch in weitere Elemente zu zerlegen, denn einfacher kann es letztlich nicht werden – man ist am Ende angelangt. Die Grundelemente einer Bücherei sind damit gefunden: 0 und 1. Sie sind zugleich die Grundelemente der Informatik, gewissermaßen die Atome der Informationslehre.

Wir ersetzen die Bücherei durch unseren materiellen Kosmos und die Bücher durch die Stoffe, Gegenstände und Lebewesen, die wir vorfinden: Bäume, Steine, Sterne, Planeten, Schreibtische, Diamanten, Ameisen, Hunde ...

Jeder aufmerksame Beobachter der Naturphänomene ist beeindruckt von der gewaltigen Vielfalt der Erscheinungen und der materiellen Objekte, die man sieht. Jedoch erkennt man ebenso, dass es keine absolute Beliebigkeit in den beobachteten Phänomenen gibt. Die Dinge wiederholen sich. Ein Salzkorn hier oder ein anderes an einem anderen Ort 30 km entfernt gleichen sich wie ein Ei dem anderen. Die Blätter eines Ahornbaumes in Berlin oder in Freiburg sind ununterscheidbar. Neben einer geradezu unübersichtlichen Vielfalt von Phänomenen und Erscheinungen gibt es also auch Konstanten, sich ständig wiederholende Dinge. Diese Dualität von Vielfalt und Konstanz war es, die vor mehr als zweitausend Jahren die griechischen Philosophen, allen voran im 5. Jahrhundert v. Chr. Leukippos von Milet und seinen Schüler Demokritos von Abdera, zu der Hypothese veranlassten, dass das Universum aus kleinsten, unzerteilbaren Bausteinen besteht, den «Atomen» (abgeleitet vom Griechischen «atomos», was soviel bedeutet wie «unzerlegbar»). Nur wenige Arten solcher Atome sollten genügen, um in immer neuen Kombinationen die ungeheure Vielfalt der Dinge hervorzubringen. «Nichts existiert», sagte Demokritos, «außer den Atomen und dem leeren Raum.»

Eine etwas andere Vorstellung wurde von Anaxagoras, der etwa 500 vor der Zeitenwende geboren wurde, ins Spiel gebracht. Er nahm unendlich viele Grundstoffe an, durch deren Mischung die Vielfalt der Erscheinungen in der Welt erzeugt wird. Diese Grundstoffe galten als unzerstörbar. Der Wechsel der Erscheinungen wird durch ihre Durchmischung als Folge der Bewegung erzeugt. Etwa 10 Jahre jünger als Anaxagoras war Empedokles, der als die Grundstoffe der Welt die vier Elemente Erde, Wasser, Luft und Feuer anerkannte.

Es ist interessant, dass im Rahmen der Atomvorstellung zum ersten Mal der Begriff des leeren Raumes eine Rolle spielte. Bis zu jener Zeit stellte man sich den Raum als von Materie erfüllt vor, aufgespannt von der Materie, und ein leerer Raum war nicht denkbar. Im Rahmen der Atomtheorie übernahm der leere Raum jetzt eine wichtige Funktion. Er wurde der Träger der Geometrie; in ihm bewegten sich die Atome.

Atome bewegen sich im Raum, aber sie haben nur geometrische Qualitäten. Demokritos sagte:

> «So wie etwa die Tragödie und die Komödie mit den gleichen Buchstaben niedergeschrieben werden können, so kann auch sehr verschiedenartiges Geschehen in der Welt durch die gleichen Atome verwirklicht werden, sofern sie nur verschiedene Stellungen einnehmen und verschiedene Bewegungen ausführen. Nur scheinbar hat ein Ding eine Farbe, nur scheinbar ist es süß oder bitter. In Wirklichkeit gibt es nur Atome und den leeren Raum.»

Die spätere griechische Philosophie hat die Elemente der Atomtheorie übernommen und ausgestaltet. Plato diskutiert im Dialog «Timaios» mögliche Verbindungen zwischen den Atomen und der Pythagoräischen Lehre von den Zahlenharmonien. So identifiziert er die Atome der Elemente Erde, Wasser, Luft und Feuer mit den regulären Körpern Würfel, Oktaeder, Ikosaeder und Tetraeder. Bei der Bewegung der Atome kommt insbesondere die Naturnotwendigkeit ins Spiel. Atome werden nicht durch Kräfte wie Liebe und Hass bewegt, sondern ihre Bewegung ist eine Folge der Naturgesetze.

Was da vor etwa zweieinhalb Jahrtausenden im damaligen Griechenland, an der heutigen Westküste der Türkei, begann, war nichts weniger als der Beginn einer Revolution, die bis heute anhält. Bis dahin waren in der Anschauung der Menschen die sich in der Welt abspielenden Vorgänge primär übernatürlichen Ursprungs. Magie und Aberglauben regierten die Welt. Das änderte sich an der Ionischen Küste vor 2500 Jahren. Der Ort und die Zeit der sich abzeichnenden Wende waren nicht zufällig. In den Stadtstaaten an der Ionischen Küste hatten sich demokratische Werte etabliert. Neue Ideen wurden akzeptiert und konnten leicht verbreitet werden, nicht zuletzt wegen des Übergangs von der hieroglyphischen Schreibweise zur alphabetischen. Die Religion spielte keine dominierende Rolle. So verfestigte sich die Idee, dass unsere Welt erkennbar ist, dass die sich abspielenden Naturvorgänge letztlich analysiert und verstanden werden können. Der Atomismus stand ganz am Anfang dieser Entwicklung. Der rote Faden, der sich von der Ionischen Küste seit zweieinhalb Jahrtausenden durch die Geschichte zieht, bis er in der Gegenwart unserer von Naturwissenschaft und Technik geprägten Welt endet, ist damit vor allem das Bemühen um die Erkenntnis der Bausteine der Materie.

Viele Details über die Atomlehre der Antike verdanken wir vor allem einem Zufall, der sich im Jahre 1417 in Italien ereignete. Man entdeckte ein Manuskript des römischen Dichters und Philosophen Lukretius, die in maßvollen Hexametern verfasste Schrift «De rerum natura», in dem Lukrez nicht nur die Ideen von Leukipp und Demokrit beschreibt, sondern auch weiterentwickelt. Im Werk von Lukrez erreichte der Atomismus des Altertums seine Höchstform. Das Buch war eines der ersten, das nach der Erfindung des Buchdrucks gedruckt wurde, in ganz Europa eine weite Verbreitung fand und viele Denker seither beeinflusst hat.

Mit bewundernswerter Klarheit hat Lukrez die Grundelemente der modernen Teilchenphysik vorweggenommen. In «De rerum natura», was durchaus mit «Die Welt der Atome» übersetzt werden kann, schreibt er:

«Da ja jedenfalls eine äußerste Spitze jenes Körpers es gibt, den unsere Sinne zu sehen nicht vermögen, besteht diese sicher bar jeden Teiles, ist von kleinster Natur und ist niemals getrennt je gewesen für sich allein und nie wird sie später solches vermögen, da sie ja selbst des andern Teil ist: einziger, erster; drauf füllen andere Teile und wieder andre in Ordnung aus des Körpers Natur in dichtem Zuge, die ähnlich; diese, da für sich sie bestehen nicht können, verwurzeln dort notwendig, von wo keine Macht sie herausreißen könnte. Füglich gibt es die Ursprungskörper von festester Einfalt, die in kleinsten Teilchen gedrängt eng halten zusammen, nicht aus jener Verein zum vielfachen Ganzen vereinigt, sondern vielmehr aus Kräften reich durch die ewige Einfalt, woraus weder herausreißen lässt noch irgend etwas gar mindern des Wesens Natur, die den Dingen die Samen bewahret.» («De rerum natura», Erstes Buch)

Interessant ist auch das Argument, das Lukrez dafür anführt, dass die Atome unteilbar sein müssen:

«Wenn es ein Kleinstes nicht gibt, wird auch noch der feinste Körper bestehen an Zahl aus je unendlichen Teilen, da ja die Hälfte der Hälfte wird jeweils immer besitzen wieder die Hälfte und nichts kann vorher setzen ein Ende. Was wird zwischen dem All und dem Kleinsten für Unterschied sein dann? Nichts wird der Unterschied sein. Denn mag die Summe auch noch so endlos sein aus dem Grunde, so wird, was am kleinsten der Teile, doch im gleichen Grad aus unendlichen Teilen bestehen.» («De rerum natura», Erstes Buch)

Im Werk von Lukrez findet man die beste und ausführlichste Darstellung der antiken Atomlehre, die sich jedoch letztlich nicht gegen die idealistischen Gedankensysteme von Plato und Aristoteles durchsetzen konnte. In ihm vereinigen sich die stets fragende Naturwissenschaft, die Aufklärung über die Natur und ihre Entmythologisierung mit einer tiefen Ehrfurcht vor der Natur und ihren ehernen Gesetzen. Hätte sich die Naturlehre von Lukrez vor zwei Jahrtausenden durchgesetzt, wäre die Weltgeschichte seither anders verlaufen, insbesondere weniger von religiösen Exzessen und Glaubenskriegen in Europa und Asien geprägt worden. Leider war die Realität eine andere. Nach dem Zusammenbruch des römischen Imperiums versank die westliche Welt für mehr als ein Jahrtausend in ein Zeitalter intellektueller Dumpfheit, in der religiöser Fanatismus und Aberglauben dominierten. Erst zur Zeit der italienischen Renaissance erlangte in weiten Teilen Europas die intellektuelle Klarheit des griechischen Denkens wieder die Bedeutung, die sie vor mehr als tausend Jahren verloren hatte. Das naturwissenschaftliche Zeitalter brach an, getragen von Geistesheroen wie Kopernikus, Johannes Kepler oder Galileo Galilei.

Im 17. Jh. wurde der Atomismus der Philosophen der Antike mit naturwissenschaftlichen Vorstellungen verknüpft. Zu jener Zeit gelangten die Naturforscher zu der Einsicht, dass chemische Elemente wie Wasserstoff, Sauerstoff oder Kupfer aus gleichartigen Atomen bestehen. Isaac Newton (1643–1727), der Begründer der Mechanik und damit der theoretischen Physik, vertrat die Ansicht, dass der Zusammenhalt der Stoffe, etwa die Festigkeit eines Metalls, etwas mit Kräften zu tun hat, die zwischen den Atomen wirken.

In der zweiten Hälfte des 19. Jahrhunderts feierte der Atomismus wichtige Erfolge in der Chemie. Die Chemiker stellten fest, dass sich chemische Reaktionen am besten verstehen lassen, wenn man annimmt, dass die beteiligten Stoffe aus kleinsten, unzerstörbaren Objekten bestehen, den Atomen. Ein chemisches Element, zum Beispiel Wasserstoff, besteht demnach aus ein und derselben Sorte von Atomen. Auch die ungefähre Größe der Atome konnte man mit chemischen Methoden bestimmen. Sie beträgt etwa 10^{-8} cm.

Eine Milliarde Wasserstoffatome ergeben aneinandergereiht eine Länge von etwa 10 cm. Heute kennen wir 110 verschiedene Elemente, mithin 110 verschiedene Sorten von Atomen. Mit dieser Erkenntnis würden die griechischen Philosophen ernsthafte Probleme haben, denn an die Möglichkeit, dass es mehr als 100 verschiedene Atomsorten gibt, haben sie sicher nicht gedacht. Nicht die Chemiker, sondern die Physiker erkannten schließlich etwa zu Beginn des 20. Jahrhunderts, dass die Atome nicht elementar im Sinne der alten Griechen sind, sondern ihrerseits aus kleineren Bausteinen bestehen, aus Elektronen, den Teilchen der Atomhülle, und den Atomkernen, die den Hauptteil der Masse der Atome beisteuern.

In den 20er und 30er Jahren des 20. Jahrhunderts gelang der große Durchbruch in der Atomphysik. Mit Hilfe der neu entwickelten Quantenmechanik war es zum ersten Mal möglich, den Aufbau der Atome und damit die Struktur der atomaren Materie auf der Grundlage weniger Prinzipien qualitativ und quantitativ zu verstehen. Die meisten der Probleme, mit denen sich die Physiker und Chemiker in den Jahrhunderten davor auseinandergesetzt hatten, konnten auf elegante Weise gelöst werden.

Dann wendeten die Physiker dieselben Prinzipien auf die Atomkerne an, in der Hoffnung, dass ein tieferes Verständnis hier ebenso rasch erreicht werden würde. Doch dies war eine trügerische Hoffnung. Zwar fand man bald heraus, dass die Atomkerne keineswegs elementare Objekte sind, sondern aus den Kernteilchen, den Protonen und Neutronen, bestehen. Jedoch war es nicht möglich, aus dieser Erkenntnis viel über die Eigenschaften der Atomkerne abzuleiten.

Doch es kam noch schlimmer – bald fand man heraus, dass bei Experimenten, in denen Atomkerne zertrümmert wurden, um die innere Struktur zu erkunden, neue Teilchen erzeugt wurden, von deren Existenz vorher niemand etwas geahnt hatte. Ein ganzer Zoo neuer Teilchen wurde entdeckt, und manche Physiker verzweifelten regelrecht an der verwirrenden Vielfalt und verglichen die subnukleare Physik mit der Botanik. Insbesondere entdeckte man in den Experimenten seit Ende der 40er Jahre eine Vielzahl von Teilchen, die nicht als eigentliche Bausteine der Materie fungieren, jedoch für den Zusammenhalt der Materie oder für das Zusammenwirken der Naturkräfte wichtig sind.

Der Durchbruch erfolgte schließlich in den Jahren von 1960 bis 1980, einer Zeit, in der es gelang, Ordnung in das Chaos der subnuklearen Welt zu bringen. Das 20. Jahrhundert wird in die Weltgeschichte als die Zeit eingehen, in der die Substruktur der Materie zu einem großen Teil aufgeklärt wurde. Nach heutigem Wissen besteht die normale Materie aus Quarks, den elementaren Bausteinen der Atomkerne, und aus den Elektronen. In den 70er Jahren des 20. Jahrhunderts hat sich schließlich ein klares Bild von der Mikrostruktur der Materie herausgeschält, das oftmals etwas prosaisch als das Standardmodell der Teilchenphysik bezeichnet wird. Hiervon soll in der Folge die Rede sein.

Das Standardmodell ist jedoch weit mehr als ein theoretisches Modell der elementaren Teilchen und ihrer Wechselwirkungen. Es beansprucht für sich den Rang einer in sich geschlossenen Theorie aller in der Welt der elementaren Teilchen beobachteten

Phänomene. Für den Eingeweihten lässt sich die Theorie auf wenigen Zeilen darstellen, bildet also eine Art Weltformel, nach der in der Vergangenheit von theoretischen Physikern wie Albert Einstein oder Werner Heisenberg ohne Erfolg gesucht wurde. Falls die Theorie sich als letzte und damit endgültige Wahrheit erweisen sollte, hätten die Physiker in der Tat in den Elektronen und Quarks die eigentlich elementaren Objekte in der Natur, also die Atome im Sinne von Demokrit oder Lukrez, gefunden. Noch ist die Antwort auf diese Frage jedoch nicht entschieden. Auch das Standardmodell weist eine Reihe von unbefriedigenden Zügen auf, so dass viele Physiker heute annehmen, dass es nur eine, jedoch sehr gut funktionierende erste Annäherung an eine umfassendere Theorie ist. Dann allerdings müssten die Physiker in den Experimenten bald Anzeichen für neue Phänomene finden, die nicht im Rahmen des Standardmodells beschrieben werden können.

Die Elektronen und Quarks sind nicht einfache Bausteine der Materie, die man beliebig kombinieren kann. Sie unterliegen Kräften, etwa den elektromagnetischen, und diese wiederum werden durch kleinste Teilchen vermittelt. Deshalb sollte man in der Teilchenphysik nicht von fundamentalen Kräften sprechen, die zwischen den Teilchen wirken, sondern von Wechselwirkungen. Es erweist sich, dass die Wechselwirkungen im Standardmodell ganz spezifischen Gesetzen unterliegen, die durch Symmetrien diktiert werden. Die Diskussion dieser Kräfte wird einen beachtlichen Teil dieses Buches ausmachen. Im Detail sind sie nur mit Hilfe der Sprache der Mathematik erfassbar.

Die Symmetrien in der Natur, die Wechselwirkungen und die elementaren Teilchen hängen eng miteinander zusammen. Auf einen solchen Zusammenhang hat in der Antike bereits Plato hingewiesen. Werner Heisenberg, einer der Begründer der Quantenmechanik und einer der bedeutendsten Physiker des 20. Jahrhunderts, sagte hierzu in «Was ist ein Elementarteilchen?»:

«Bei Plato ist also das Elementarteilchen nicht das schlechthin Gegebene, Unveränderliche und Unteilbare; es bedarf noch einer Erklärung, und die Frage nach dem Warum der Elementarteilchen wird von Plato auf die Mathematik zurückgeführt ... Die letzte Wurzel der Erscheinungen ist also nicht die Materie, sondern das mathematische Gesetz, die Symmetrie, die mathematische Form.»

Ist also am Ende die Idee wichtiger als die Materie? Oder verschwindet der Unterschied zwischen Materie und Idee, wenn man die Grenzen der Teilchenphysik absteckt? Bis heute ist die Antwort auf diese Frage nicht entschieden, ja, es ist nicht einmal klar, ob die Frage überhaupt berechtigt ist. Wir werden am Schluss des Buches hierauf zurückkommen.

Die Teilchenphysik steht zu Beginn des neuen Jahrtausends vor neuen Herausforderungen und aller Wahrscheinlichkeit nach an der Schwelle neuer wichtiger Entdeckungen. Immer tiefer sind die Physiker im 20. Jahrhundert in das Innere der Materie vorgedrungen. Neue Welten wurden erschlossen, von denen man früher nichts wusste, neue Horizonte taten sich auf. Die Struktur der mikrophysikalischen Welt wurde sichtbar, eine komplexe Welt für sich, aber beschrieben durch eine überraschend einfache, mit Hilfe der Mathematik erfassbare Welt. Immer grundlegender wurden die Fragen, die man zu beantworten suchte: Wo kommt die Materie her? Was geschieht in fernster Zukunft mit ihr? Die Teilchenphysik bleibt ein großes Abenteuer. Wenn ein neues Experiment startet, meist nach jahrelanger Vorbereitungszeit, beginnt für die beteiligten Physiker eine Reise in eine «terra incognita».

Der Abstand zwischen der Welt der Teilchenphysiker und der Alltagswelt ist mittlerweile atemberaubend geworden. Warum sollte man sich die Aufgabe setzen, neue Teilchen und Phänomene zu erforschen, die fast nichts mit unserem Alltag zu tun haben? Es sind dieselben Gründe, die Wissenschaftler dazu bringen, den Weltraum zu erforschen, in die Tiefsee vorzudringen oder andere Grenzen zu überwinden. Wie jede Grundlagenforschung ist Teilchenphysik ein Teil unserer Kultur, die sich das rationale Erfassen der kosmischen Ordnung zum Ziel gesetzt hat. Die Grundlagenforschung in der Physik ist weitgehend Teilchenphysik. Die beträchtlichen Investitionen, die in der Vergangenheit hier gemacht wurden, haben eine große Rolle bei der Herausbildung der offenen und aufgeklärten Gesellschaft gespielt, die wir heute in dem meisten Regionen der Welt vorfinden. Die faszinierenden Einsichten, die uns die Teilchenphysik in die Struktur des Mikrokosmos erlaubt, gehören zu den bleibenden Errungenschaften des gerade vergangenen 20. Jahrhunderts.

2. Elektronen und Atomkerne

In der Geschichte der Naturwissenschaft gab es kaum eine Zeit, die so mit wichtigen Entdeckungen angefüllt ist wie die letzten fünf Jahre des 19. Jahrhunderts, und alle diese Entdeckungen haben mit Phänomenen zu tun, die eng mit der heutigen Teilchenphysik zusammenhängen. Es begann im Jahre 1895 mit der Entdeckung einer Strahlung, die später nach ihrem Entdecker Wilhelm Konrad Röntgen (1845–1923) als Röntgenstrahlung bezeichnet wurde. Ein Jahr später entdeckte Henri Antoine Becquerel (1852–1908) in Paris das Phänomen der natürlichen Radioaktivität. Wir werden später darauf zurückkommen. Hier sei nur erwähnt, dass radioaktive Atome Teilchen emittieren, deren Energien millionenmal größer sind als die typischen Energien, die Atome in normalen chemischen Reaktionen erhalten.

Nicht die Chemiker, sondern die Physiker erkannten etwa zu Beginn des 20. Jahrhunderts, dass die Atome nicht elementar im Sinne der alten Griechen sind, sondern ihrerseits aus kleineren Bausteinen bestehen. Den Anstoß hierzu gab die Entdeckung des ersten Teilchens, das man als Elementarteilchen bezeichnen kann, des Elektrons im Jahre1897. Eine ganze Reihe von Physikern waren an dieser Entdeckung beteiligt: die deutschen Physiker Emil Wiechert und Walter Kaufmann und der englische Physiker Joseph John Thomson. Zum ersten Mal wurden die Elektronen, zunächst noch als «elektrische Atome» bezeichnet, im Januar 1897 von Emil Wiechert in einem Vortrag an der Universität Königsberg erwähnt. Oftmals wird jedoch als Geburtsstunde des Elektrons der 30. April 1897 angegeben, an dem Thomson einen Vortrag an der «Royal Institution» in London über seine Experimente mit Kathodenstrahlen hielt.

Wie viele Naturwissenschaftler seiner Zeit experimentierte Thomson mit elektrischen Entladungen, die in fast leergepumpten Glasröhren zwischen zwei Elektroden, einer Anode und einer Kathode, arrangiert wurden. Auf Jahrmärkten wurden solche Entladungen oft und zum Staunen des Publikums durchgeführt. Laien und Physiker staunten über die Vielzahl und die Komplexität der auftretenden Leuchterscheinungen. Die heutigen Neonröhren arbeiten nach diesem Prinzip. Wenn man den Druck in der Glasröhre erniedrigt, verschwinden die Leuchterscheinungen im Innern der Röhre. Stattdessen bemerkt man Fluoreszenzerscheinungen auf der Glaswand gegenüber der Kathode, an der die negative Spannung angelegt ist. Hervorgerufen werden sie durch Strahlen, die von der Kathode ausgehen, und man nannte sie Kathodenstrahlen, ohne zu wissen, woraus diese Strahlen bestehen. Mit ihnen kann man viele aufschlussreiche Experimente durchführen. Hindernisse, auf die sie auftreffen, werden erhitzt. Photographische Platten werden geschwärzt. Chemische Reaktionen werden durch Kathodenstrahlen beeinflusst. Bald fand man heraus, dass die Kathodenstrahlen, wenn sie auf einen Körper auftreffen, dort eine negative elektrische Ladung hinterlassen.

Thomson experimentierte mit Kathodenstrahlen, ebenso wie Kaufmann und Wiechert und andere Physiker. Wohl wissend, dass sie eine negative Ladung tragen, spekulierte er, dass es sich um negativ geladene Objekte handeln muss. Er ließ die Strahlen durch elektrische und magnetische Felder laufen und fand heraus, dass sie auf ganz bestimmte Weise abgelenkt wurden. Der Grad der Ablenkung hängt dabei vom Verhältnis der elektrischen Ladung des Objekts und seiner Masse ab. Dieses Verhältnis bestimmte Thomson und entdeckte dabei, dass er immer wieder dasselbe Verhältnis erhielt, ganz gleich, ob er seine Gasentladungen in Luft, Wasserstoff oder Kohlendioxid durchführte. Schließlich gelang es Thomson, die Energie und damit die Masse der Partikel zu bestimmen. Es handelte sich um Teilchen, die fast

2000-mal leichter waren als Wasserstoffatome (genauer 1837-mal leichter). Thomson folgerte, dass es sich um einen neuen Zustand der Materie handeln müsse, einen Zustand, der Teil der Substanz ist, aus der die Elemente aufgebaut sind. Seine Hypothese sollte sich als richtig herausstellen. Die Teilchen, später Elektronen genannt, sind in der Tat wichtige Bestandteile der Atome. Der Name leitet sich aus dem Griechischen ab: «elektron» (mit Silber gemischtes Gold, Bernstein).

Walter Kaufmann in Berlin experimentierte ebenfalls mit Kathodenstrahlen und bestimmte das Verhältnis von Ladung und Masse der Teilchen mit größerer Genauigkeit als Thomson. Kaufmann stand jedoch unter dem Einfluss des Wiener Physikers und Philosophen Ernst Mach, der es strikt ablehnte, hypothetische Objekte wie Atome oder noch kleinere Teilchen einzuführen, die nicht direkt beobachtbar waren. Aus diesem Grunde vermied es Kaufmann, von der Entdeckung neuer Teilchen zu sprechen. Hätte er es getan, müsste er zusammen mit Thomson als Entdecker des Elektrons gelten. Dieses Beispiel zeigt, dass es in der Physik und darüber hinaus in allen Naturwissenschaften nicht nur darauf ankommt, ein Phänomen zu entdecken, sondern auch richtig zu interpretieren, und hierzu sind theoretische Vorstellungen von größter Bedeutung.

Thomson fand nichts weniger als das leichteste, elektrisch geladene Elementarteilchen. Elektronen sind stabile Teilchen mit negativer elektrischer Ladung und einer Masse von $9{,}1093897 \times 10^{-31}$ kg. Die Bezeichnung «negativ» für die Ladung des Elektrons ist eine reine Konvention. Sie geht auf die Festlegung des Vorzeichens von Ladungen durch den amerikanischen Naturforscher und Politiker Benjamin Franklin im 18. Jahrhundert zurück. Tatsächlich erwies sich diese Bezeichnung als etwas unglücklich. Da elektrische Ströme durch in den Metallen wandernde Elektronen hervorgerufen werden, wäre es besser gewesen, man hätte die Ladungen so definiert, dass die Ladung eines Elektrons als die des wichtigsten Ladungsträgers positiv ist.

Die Ladung und die Masse des Elektrons sind wichtige Naturkonstanten. Überall im Kosmos haben sie die gleichen Werte.

Die Größe der Elektronenladung wird üblicherweise mit dem Symbol e bezeichnet. Die Ladung des Elektrons ist danach –e. Da alle Elektronen die gleiche elektrische Ladung tragen, sagt man: die elektrischen Ladungen der Elektronen sind quantisiert.

Die Masse des Elektrons wird wie die Massen aller anderen Teilchen normalerweise nicht in der für die Mikrophysik völlig unhandlichen Maßeinheit von kg angegeben, sondern in Energieeinheiten, in Elektronenvolt. Entsprechend der von Albert Einstein im Jahre 1906 entdeckten Äquivalenz von Energie und Masse, ausgedrückt durch seine berühmte Gleichung $E = mc^2$, ist es möglich, die Masse eines jeden Objekts, also auch des Elektrons, in Elektronenvolt anzugeben. Ein Elektronenvolt, abgekürzt eV, ist die Energie, die ein Elektron aufnimmt, wenn es durch eine elektrische Spannung von einem Volt beschleunigt wird. Wenn man die Spannung einer Monozelle von 1,5 V benutzt, um zwei gegenüberliegende Metallplatten damit aufzuladen, wird ein Elektron, das sich in der Nähe der negativ geladenen Platte befindet, in die Richtung der positiv geladenen Platte beschleunigt. Wenn es dort ankommt, besitzt es die Bewegungsenergie von 1,5 eV.

Für viele Belange der Teilchenphysik ist die Einheit eV zu klein. Deshalb benutzt man häufig das Kiloelektronenvolt (keV = 1000 eV), Megaelektronenvolt (MeV = 1000 keV), Gigaelektronenvolt (GeV = 1000 MeV) und Teraelektronenvolt (TeV = 1000 GeV). Beispielsweise besitzen die Elektronen, die in den Bildschirmen der Computer und Fernsehgeräte die Bilder erzeugen, eine Energie von einigen 10 keV. Der LEP-Beschleuniger, der am europäischen Forschungszentrum CERN bis Ende des Jahres 2000 lief, war in der Lage, Elektronen bis auf eine Energie von etwa 110 GeV zu beschleunigen. Die Masse eines Elektrons beträgt, in Energieeinheiten ausgedrückt, 0,511 MeV.

Das Elektron ist zumindest für technische Belange das wichtigste Elementarteilchen. Seit seiner Entdeckung gibt es den Physikern Rätsel auf. Da es eine Masse besitzt, dachte man, dass es auch eine endliche Größe besitzt, also einen Radius. Die Experimente, bis heute mit stets wachsender Präzision durchgeführt, ergeben ein Null-Resultat. Das Elektron scheint ein elementares

Objekt par excellence zu sein, ein mathematischer Punkt, jedoch ausgestattet mit den Attributen Ladung und Masse. Sollte das Elektron eine innere Struktur besitzen, so muss diese zumindest kleiner als 10^{-17} cm sein, also eine Milliarde Mal kleiner als die Ausdehnung eines Atoms. Kann es ein punktförmiges Objekt, jedoch ausgestattet mit Masse und Ladung, überhaupt geben? Mathematisch gesehen ist ein Punkt das, was übrig bleibt, wenn man eine kleine Kugel betrachtet, deren Radius man gegen null gehen lässt, also das Resultat eines Grenzprozesses. Man stelle sich also eine kleine Kugel mit der Masse und Ladung des Elektrons vor und lasse den Radius der Kugel schrittweise gegen null gehen. Das ist dann das Elektron, eine mathematische Konstruktion wie die berühmte Cheshire-Katze von Lewis Carroll, die langsam verschwindet, und nur ihr Lächeln bleibt übrig, ein Lächeln ohne Katze. Es bleibt abzuwarten, ob den Physikern künftig bei ihren Experimenten mit Elektronen das Lächeln vergeht.

Nach der Entdeckung des Elektrons spekulierte Thomson, dass die gesamte Materie eines Atoms aus seinen Teilchen besteht, eingebettet in eine diffus verteilte und elektrisch positiv geladene Materie. Doch diesmal hatte er Unrecht. Bereits kurz nach Beginn des 20. Jahrhunderts stellte man fest, dass der Hauptteil der Masse der Atome nicht von Elektronen herrührt, sondern von einem massiven Kern. Das entscheidende Experiment wurde von Ernest Rutherford und seinen Mitarbeitern an der Universität Manchester in England im Jahre 1909 durchgeführt. Sie benutzten Alphastrahlen, die von einer radioaktiven Substanz ausgestrahlt wurden. (Später stellte sich heraus, dass die Alphastrahlen weiter nichts als schnell bewegte Atomkerne des Elements Helium sind.) Die Alphastrahlen ließ man durch eine dünne Goldfolie hindurchfliegen. Die ganze Apparatur wurde mit Schirmen aus Zinksulfid umgeben. Wenn ein Alphateilchen auf ein Zinksulfidmolekül trifft, wird ein kleiner Lichtblitz ausgestrahlt, der im verdunkelten Labor mit dem bloßen Auge sichtbar ist. Auf diese einfache Weise ließ sich leicht feststellen, ob ein Alphateilchen beim Durchdringen der Folie mit einem der Atome in näheren Kontakt gekommen war, denn dann erfolgte eine Streuung, d. h., die Richtung der Bewegung der Teilchen änderte sich. Meist war diese Änderung sehr klein, gelegentlich erfolgte auch eine stärkere Streuung mit Streuwinkeln von 10° oder mehr.

Rutherford und seine Mitarbeiter gingen sehr systematisch vor und prüften auch nach, ob nicht manchmal ein Alphateilchen in die Goldfolie hinein- und nach einer Kehrtwendung wieder zurückflog, wie ein Tennisball, der auf eine feste Wand prallt. Niemand erwartete, dass dies der Fall sein könnte, jedoch genau dieser Fall trat ein. Im Mittel ereilte eines von 8000 Alphateilchen dieses Schicksal. Es wurde rückwärts gestreut, sehr zur Überraschung der am Experiment beteiligten Physiker. Rutherford sagte später: «Es war das Unglaublichste, was ich je erlebte. Es war so, als würde man eine 15-Inch-Granate auf Seidenpapier schießen, worauf diese dann zurückgeschleudert wird und den Kanonier trifft.»

Fast zwei Jahre dauerte es, bis Rutherford das Problem auch theoretisch durchschaut hatte. Es gab nur eine Möglichkeit, die merkwürdige Rückwärtsstreuung der Teilchen zu verstehen: Praktisch die gesamte Masse und die positive Ladung der Goldatome in der Folie mussten in einem sehr kleinen Volumen im Innern des Atoms konzentriert sein, bildete also eine Art Kern des Atoms, während die Elektronen, die nur sehr wenig zur Gesamtmasse des Atoms beitrugen, im gesamten atomaren Raum herumschwirrten. Es gelang durch weitere Experimente, die Größe des Kerns abzuschätzen. Er war etwa zehntausendmal kleiner als der atomare Radius, also etwa $10^{-12} \ldots 10^{-13}$ cm. Das Volumen des Kerns war damit im Vergleich zum atomaren Volumen lächerlich gering, es betrug nur etwa ein Billiardstel. Die Atome waren also praktisch leerer Raum. Wenn man die Oberfläche eines Diamanten berührt, hat man den Eindruck, es handelte sich um einen sehr festen Körper. Dies stimmt auch, jedoch wird die Härte des Diamanten durch das Zusammenwirken der elektrischen Kräfte zwischen den Atomkernen und den Elektronen erzeugt. Auch ein Diamant besteht hauptsächlich aus leerem Raum – Alphateilchen durchdringen einen Diamanten ebenso leicht wie eine Goldfolie. Was hatte Demokrit einst gesagt?

«Nichts existiert, außer den Atomen und dem leeren Raum.» Was würde er heute sagen, wenn er erfahren würde, dass auch die Atome vor allem aus leerem Raum bestehen?

Wie Rutherford selbst oft betonte, benötigt ein Experimentalphysiker auch eine gehörige Portion Glück, um eine wichtige Entdeckung zu machen. Wie es sich später herausstellte, war dies bei seinem Alphastrahlen-Experiment sehr wohl der Fall. Der Zufall wollte es, dass Rutherford eine radioaktive Quelle benutzte, die Alphateilchen mit einer Energie von 5 MeV erzeugte. Diese Energie war ideal für die Entdeckung der Atomkerne. Wäre die Energie höher gewesen, wären die Alphateilchen mit den Atomkernen komplizierte Reaktionen eingegangen, und es wäre nicht möglich gewesen, die Resultate auf einfache Weise zu interpretieren. Wäre die Energie jedoch niedriger gewesen, hätte man die Rückwärtsstreuung überhaupt nicht beobachtet.

Rutherford konnte zeigen, dass die Ablenkung der Alphateilchen nach einem einfachen Kraftgesetz erfolgte. Die Alphateilchen waren positiv, die Atomkerne ebenfalls, und die Streuung der Teilchen erfolgte durch nichts anderes als die Abstoßung der beiden positiv geladenen Objekte. Im Innern der Atome herrschte also das bekannte elektrische Kraftgesetz: Gleichnamige Ladungen stoßen sich ab, ungleichnamige ziehen sich an. Hätte Rutherford seine Experimente mit Elektronenstrahlen durchgeführt, hätte er ähnliche Streuphänomene beobachtet, nur wäre die Streuung dann das Resultat der elektrischen Anziehung zwischen Elektron und Kern gewesen. Nur gab es zu jener Zeit keine Möglichkeit, einen Strahl von Elektronen mit einer Energie von ca. 5 MeV zu erzeugen.

Mit der Aufstellung des Rutherfordschen Atommodells begann eine rasante Entwicklung, die schließlich zum heute vorliegenden Atommodell führte. Danach bestehen die Atome aus einer Hülle von Elektronen, die den Atomkern umschwirren. Die elektrische Ladung eines Atoms ist null. Die positive Ladung des Kerns wird genau durch die negative Ladung der Elektronen in der Hülle kompensiert. Die positive Ladung des Atomkerns rührt dabei von positiv geladenen Teilchen her, den Protonen.

Das einfachste und leichteste Atom, das Wasserstoffatom, besteht nur aus einem Elektron, das den Kern, bestehend aus nur einem Proton, umschwirrt. Kern und Elektron ziehen sich elektrisch an. Der ständigen Bewegung des Elektrons um den Kern ist es zu verdanken, dass es nicht in den Kern hineingezogen wird. Man kann sich das Wasserstoffatom wie ein mikroskopisches Planetensystem vorstellen, im Mittelpunkt der schwere Kern, stellvertretend für die Sonne, außen das leichte Elektron, stellvertretend für die Erde. Das Elektron bewegt sich auf einer Kreisbahn um den Kern, so dass sich die zum Kern hin wirkende elektrische Anziehung und die entgegengesetzt wirkende Zentrifugalkraft genau aufheben.

Da der Atomkern des Wasserstoffs nur aus einem Proton besteht, kann man durch eine genaue Untersuchung von Wasserstoff die physikalischen Eigenschaften des Protons bestimmen. Seine wichtigste Eigenschaft ist die Masse, die experimentell bestimmt wurde zu 938,272 MeV. Damit ist das Proton fast genau 1836-mal schwerer als das Elektron. Beim Wasserstoff ist also mehr als 99,9 % der Masse im Kern konzentriert. Bis heute ist es ein Rätsel, warum das Elektron-Proton-Massenverhältnis so klein ist. Die elektrische Ladung des Protons jedoch ist genauso groß wie die Ladung des Elektrons, nur besitzt sie das andere Vorzeichen. Die Ladung ist also gleich e. Die Gesamtladung des Wasserstoffs ist damit null. Auch dieses Phänomen ist bis heute unverstanden, denn man könnte sich durchaus vorstellen, dass die elektrische Ladung des Protons etwas verschieden von der mit (–1) multiplizierten Ladung des Elektrons ist, nur wäre dann die Ladung des Wasserstoffs ungleich null.

Die Tatsache, dass die Ladung des Wasserstoffatoms verschwindet, ist eine der am besten etablierten Tatsachen überhaupt. Da im Kosmos größere Materiesysteme, die vornehmlich aus Wasserstoff bestehen, existieren, beispielsweise größere Gaswolken, kann man eine sehr genaue Grenze für eine mögliche Ladung des Wasserstoffatoms angeben. Sie muß kleiner als 10^{-21} sein, verglichen mit der Ladung des Protons e. Diese Grenze ist deshalb so klein, weil eine Ladung des Wasserstoffatoms zur Folge hätte, dass größere Materieansammlungen aus Wasserstoff durch die elektrische Abstoßung auseinanderdriften würden, was nicht beobachtet wird. Bemerkenswert ist jedenfalls, dass die elektrischen Ladungen des Protons und des Elektrons exakt gleich sind, obwohl die physikalischen Eigenschaften der beiden Teilchen sehr verschieden sind, eine Tatsache, die man bereits an der Verschiedenheit der Massen der beiden Teilchen erkennen kann. Offenbar muss es etwas Gemeinsames zwischen dem Elektron und dem Proton geben, ein Bindeglied, das die Gleichheit der Ladungen, abgesehen vom Vorzeichen, erzwingt. Wir werden in der Folge sehen, dass eine solche Gemeinsamkeit möglicherweise tatsächlich existiert. Sie wird uns jedoch weit über die Atomphysik hinausführen.

Alle Atome – mit Ausnahme des Wasserstoffs – besitzen kompliziertere Atomkerne, die aus mehreren Teilchen bestehen. Das beginnt schon mit einer speziellen Art von Wasserstoff, dem schweren Wasserstoff, dessen Atomkerne eine etwa doppelt so große Masse wie der normale Wasserstoff haben. Allerdings verfügen sie über dieselbe elektrische Ladung, was daran liegt, dass der Atomkern ein zweites elektrisch neutrales Teilchen enthält, nämlich das Neutron, das im Jahre 1932 von dem englischen Physiker James Chadwick entdeckt wurde. Die Masse des Neutrons wurde zu 939,565 MeV gemessen. Mithin ist das Neutron etwas mehr als 1‰ schwerer als das Proton.

Bemerkenswert ist auf jeden Fall die Tatsache, dass die Massen der beiden Teilchen fast gleich sind. Das ist kein Zufall. Wie wir sehen werden, hängt dies mit speziellen dynamischen Eigenschaften dieser Teilchen zusammen. Die Tatsache, dass das Neutron etwas schwerer als das Proton ist, kann man zu den bis heute nicht im Detail verstandenen Tatsachen der Mikrophysik zählen. Intuitiv würde man eigentlich das Gegenteil erwarten. Das Proton ist elektrisch geladen, mithin also von einem elektrisch geladenen Kraftfeld umgeben. Dieses besitzt elektrische Feldenergie, die entsprechend der Einsteinschen Energie-Masse-Relation zur Masse des Protons beiträgt.

Die Neutronen und Protonen, oft auch Nukleonen, also Kernteilchen genannt, sind die Bausteine aller Atomkerne, wobei die Anzahl der Neutronen und Protonen vom betrachteten Element abhängt. Der Atomkern von Kohlenstoff, beispielsweise, besitzt normalerweise sechs Protonen und sechs Neutronen. Bei schweren Atomkernen ist die Anzahl der Neutronen stets größer als die Anzahl der Protonen. So befinden sich beispielsweise im Innern des Uranatomkerns immer 92 Protonen und meist 146 Neutronen. Im Innern des Kerns herrschen starke elektrische Abstoßungskräfte, die leicht dafür sorgen würden, dass der Kern explodiert, wenn nicht eine neue Kraft, die starke Wechselwirkung, dafür sorgen würde, dass sich die Neutronen und Protonen auf kleinstem Raum zusammenballen. Die Größe der Atomkerne ist von der Größenordnung 10^{-13} cm. Mithin sind die Atomkerne etwa 100 000-mal kleiner als die Atome selbst. Wenn man den Atomkern zur Größe eines Apfels aufblasen würde, dann hätte im Vergleich dazu das Atom einen ansehnlichen Durchmesser von etwa 10 km.

Lange war der tiefere Grund für die Existenz der starken Kernkraft ein Rätsel, bis sich Anfang der 70er Jahre des 20. Jahrhunderts der Schleier des Geheimnisses lüftete. Er hatte etwas mit der inneren Struktur der Nukleonen zu tun. Im Gegensatz zu den Elektronen in den Atomhüllen sind die Bausteine der Atomkerne nicht strukturlos, sondern besitzen eine Substruktur, ganz analog zu den Atomen, deren Substruktur oben beschrieben wurde. Bevor wir diese näher betrachten, wollen wir jedoch zuerst im nächsten Kapitel noch eine wichtige Eigenschaft der Mikrophysik beschreiben, die für die Substruktur der Materie von entscheidender Bedeutung ist: die Quantennatur der mikrophysikalischen Phänomene.

3. Die Quantennatur der Atome und Teilchen

Es fällt auf, dass alle Atome dieselbe Struktur besitzen. Jedes Wasserstoffatom gleicht wie ein Ei dem anderen. Genau diese Eigenschaft der Atome erklärt die von uns einführend erwähnte Dualität von Vielfalt und Konstanz in der Natur. Nach den Gesetzen der klassischen Physik ist dies jedoch schwer zu verstehen, denn diese Gesetze kennen beispielsweise keine innere Skala. Es spielt keine Rolle, ob das Elektron vom Kern ein millionstel Zentimeter oder ein Tausendstel davon oder auch das Tausendfache davon entfernt ist. Warum richtet das Elektron dann seine Geschwindigkeit im Wasserstoffatom immer genau so ein, dass die Entfernung vom Kern stets dieselbe ist, nämlich etwa 10^{-8} cm?

Auch die Stabilität der Atome ist im Rahmen der klassischen Physik nicht verständlich. Da das Elektron eine elektrische Ladung besitzt, die sich ständig um den Kern bewegt, erwartet man, dass es sich wie ein kleiner elektromagnetischer Sender verhält und Energie in Form von elektromagnetischen Wellen abstrahlt. Diese Energie müsste der Bahnbewegung des Elektrons entzogen werden, so dass das Elektron nach kurzer Zeit in den Kern stürzen würde. Davon kann jedoch keine Rede sein. Folglich muss ein Mechanismus existieren, der die Elektronen stabil auf ihren Bahnen kreisen lässt.

Dieser Mechanismus wird von der Quantentheorie geliefert. Sie liefert den theoretischen Rahmen, der es erlaubt, die Phänomene der Mikrophysik zu beschreiben. In der Welt der Atome oder der subatomaren Teilchen gelten die Gesetze der normalen Mechanik, die intuitiv jeder erfasst, nicht mehr. Obwohl die ersten Ideen zur Quantentheorie von dem deutschen Physiker Max Planck im Jahre 1900 entwickelt wurden, dauerte es mehr als zwanzig Jahre, bis die Konsequenzen dieser Ideen klar wurden, vor allem durch die Arbeiten von Niels Bohr, Arnold Sommerfeld, Werner Heisenberg und Wolfgang Pauli. Bis heute ist es jedoch ein Mysterium geblieben, warum die Quantentheorie überhaupt so erfolgreich in der Beschreibung der Mikrophysik ist. Mein früherer Kollege am California Institute of Technology Richard Feynman, selbst einer der führenden Quantentheoretiker, äußerte oft das Bonmot: «Niemand versteht die Quantentheorie.» Niels Bohr, einer der Begründer der Theorie, pflegte zu sagen, dass niemand die Quantentheorie verstanden hat, dem nicht gleichzeitig schwindlig im Kopf wird.

In der Tat erfordert die Quantentheorie einen Bruch mit den anschaulichen Vorstellungen, die jeder im Laufe seines Lebens entwickelt hat. Begriffe, die wir täglich verwenden und die fest in unserem intuitiven Erfassen der Wirklichkeit verankert sind, werden plötzlich sinnlos. Im Bereich der Mikrophysik sind Vorgänge erlaubt, die nach den Vorstellungen der klassischen Mechanik nicht möglich sind. Es scheint so, als wären wir nicht in der Lage, mit Hilfe der anschaulichen Vorstellungen, die sich im Laufe der Evolution herausgebildet haben, die Dynamik der Mikrophysik zu erfassen. Trotzdem ist es möglich, die stattfindenden Prozesse mit Hilfe der Quantenphysik zu berechnen, und die Ergebnisse stimmen hervorragend mit den Messungen überein. Ein tieferes Verständnis ist nicht oder nur unzulänglich möglich.

Die Quantentheorie wird durch eine Naturkonstante, das Wirkungsquantum h, regiert, die in der klassischen Physik nicht vorkommt. Die Konstante, die experimentell zu $6{,}6 \times 10^{-36}$ Wattsekunden bestimmt wurde, erweist sich, wenn in den üblichen Einheiten Watt und Sekunde ausgedrückt, als äußerst klein. Diesem Umstand ist es zu verdanken, dass die merkwürdigen Phänomene der Quantenphysik in unserem täglichen Leben keine Rolle spielen. Der Name Wirkungsquantum rührt daher, dass durch die Konstante eine physikalische Wirkung beschrieben wird – als Wirkung bezeichnet man das Produkt Energie mal Zeit. Anschaulich ist dies leicht verständlich, denn die Wirkung eines Vorgangs wird dadurch beschrieben, dass eine bestimmte Energie eine bestimmte Zeit lang wirkt. Ist die Zeit sehr kurz, ist die Wirkung entsprechend klein, auch wenn die einwirkende Energie groß ist.

Eine der wesentlichen Aussagen der Quantenphysik besagt, dass die für die Beschreibung der Bewegung des Elektrons um den Kern erforderlichen physikalischen Größen wie Geschwindigkeit und Ort niemals genau gemessen werden können, sondern stets nur innerhalb gewisser Unschärfen, die durch die von Werner Heisenberg zuerst erkannten Unschärferelationen festgelegt sind. Eine Folge dieser neuen Deutung der im Innern der Atome ablaufenden Dynamik ist die Aufgabe einer exakten Beschreibung der atomaren Vorgänge. Man kann nur jeweils die Wahrscheinlichkeit dafür angeben, dass ein bestimmter Prozess stattfindet. So ist es unmöglich, gleichzeitig den Ort und die Geschwindigkeit eines Elektrons genau anzugeben. Legt man Wert auf eine möglichst genaue Angabe des Ortes, muss man Abstriche bei der Geschwindigkeit machen, und umgekehrt. Die Größe der Unschärfe wird dabei vom Wirkungsquantum h bestimmt. Solche Unschärfebeziehungen gibt es auch bei makroskopischen Körpern, etwa bei einem fahrenden Auto. Nur sind hier die von der Quantentheorie erzwungenen Unschärfen zwischen dem Ort und der Geschwindigkeit so winzig, dass man sie problemlos vernachlässigen kann, und dies ist letztlich der Grund für die Tatsache, dass unser intuitives Erfassen der Naturprozesse die Quantennatur der Wirklichkeit völlig ausblendet.

In der Atomphysik kann man dies jedoch nicht. Es ist genau diese Unschärfe, die die Größe etwa eines Wasserstoffatoms festlegt. Im Atom ist die Größe der Unschärfe des Ortes eines Elektrons durch den Durchmesser der Atomhülle gegeben, also etwa 10^{-8} cm. Nehmen wir jetzt an, wir würden ein Wasserstoffatom betrachten, dessen Hülle viel kleiner ist, sagen wir hundertmal kleiner. Hier wäre das Elektron viel stärker lokalisiert als im normalen Wasserstoffatom. Infolge der Unschärferelation besitzt das Elektron nun eine hundertmal größere Unschärfe der Geschwindigkeit, so dass es sich im Mittel viel schneller bewegen muss als im normalen Atom. Eine höhere Geschwindigkeit bedeutet jedoch eine höhere Energie, mithin würde das kleinere Atom eine größere Energie besitzen als ein normales Atom. Dem steht ein wichtiges Prinzip der Natur entgegen: Jedes System, auch jedes Atom, versucht, im Zustand der niedrigsten Energie zu sein. Das kleinere Atom wäre mithin nicht stabil, sondern würde sich in kurzer Zeit unter Energieabstrahlung ausdehnen, bis es die Größe des normalen Atoms angenommen hat.

Analog können wir ein künstliches Atom betrachten, das hundertmal größer als ein normales Atom ist. Um ein solches Atom herzustellen, müssten wir das Elektron vom Kern wegziehen. Also müsste Energie aufgewendet werden, um ein solches Atom herzustellen. Wiederum ist also die Energie des neuen Atoms größer als die Energie des normalen Atoms. Auch das größere Atom wird nach kurzer Zeit in den Normalzustand übergehen.

Letzterer ist der atomare Zustand mit der geringsten Energie. Man kann das Elektron nicht zwingen, noch mehr Energie abzugeben. Es ist mithin die Unschärfebeziehung zwischen Ort und Geschwindigkeit, die die Größe der Atome fixiert.

Genau genommen tritt in den Unschärfebeziehungen nicht die Geschwindigkeit direkt auf, sondern der Impuls, also das Produkt von Geschwindigkeit und Masse. Die Größe der Atomhülle hängt deshalb direkt von der Elektronenmasse ab. Wäre die Masse des Elektrons hundertmal kleiner als in der Natur beobachtet, so wäre die Atomhülle hundertmal größer, also etwa ein Millionstel eines Zentimeters groß. Wäre sie zehntausendmal größer, dann wäre der Durchmesser der Atomhülle nur etwa einen Faktor zehn größer als der Durchmesser des Kerns. Die durch die Quantentheorie erzwungene universelle Größe der Atome bringt ein wesentliches Element der Stabilität in die Natur ein. Die Tendenz der Natur, trotz ständiger Änderungen letztlich immer wieder dieselben Formen hervorzubringen, sei es in der Atomphysik, in der Chemie oder in der Biologie, lässt sich letztlich nur im Rahmen der Quantenphysik verstehen.

Wegen der quantenmechanischen Unschärfe ist es unmöglich, die Bewegung des Elektrons um den Kern zu verfolgen. In der Tat, es folgt aus der Quantenmechanik, dass es keinen Sinn macht, von einer Bahn überhaupt zu sprechen. Man kann nur die Wahrscheinlichkeit angeben, mit der sich das Elektron in einem bestimmten Bereich des Raumes um den Kern herum befindet. Diese Wahrscheinlichkeitsverteilung sieht ganz und gar nicht wie eine Bahnkurve aus. Vielmehr ist sie kugelsymmetrisch um den Kern angeordnet, und das Maximum der Verteilung ist im Zentrum des Atoms, also dort, wo sich das Proton befindet. Diese Wahrscheinlichkeitsverteilung wird durch die Wellenfunktion des Elektrons beschrieben, eine Funktion, die man mit Hilfe der Gleichungen der Quantentheorie genau berechnen kann. Diese Wellenfunktion beschreibt, wie man sagt, den Zustand des Atoms. So kurios es klingt, ist es auch – zwar kann man in der Quantentheorie keine genauen Aussagen über Fakten machen, sondern nur über Wahrscheinlichkeiten, aber die wiederum sind dann exakt.

Eine andere Eigentümlichkeit der Quantentheorie, die sich auch in der Teilchenphysik manifestiert, ist die Existenz angeregter Zustände. Wenn man etwa einem Wasserstoffatom Energie zuführt, etwa durch die Bestrahlung mit elektromagnetischen Wellen, wird das Elektron in einen anderen Zustand überführt, der einer höheren Energie entspricht. Solche Zustände heißen angeregte Zustände, und sie besitzen eine ganz spezifische Energie. Deswegen spricht man auch von einem diskreten Energiespektrum. Der niedrigste Energiezustand wird demgegenüber als Grundzustand des Systems bezeichnet. Wird das Atom angeregt, springt es gewissermaßen in einen angeregten Zustand, verbleibt dort eine kurze Zeit und springt dann wieder zurück, wobei die dabei freiwerdende Energie in Form von Licht oder anderer elektromagnetischer Strahlung, z. B. Röntgenstrahlung, abgegeben wird. Damit so eine Anregung erfolgt, muss dem Atom genau die Energie zugeführt werden, die für die Anregung erforderlich ist.

Bei den Atomen erweist es sich, dass die Angabe der Anregungsenergie nicht ausreicht, um den Zustand, also die Wellenfunktion, des Atoms eindeutig zu beschreiben. Man braucht noch weitere Informationen, insbesondere über den Drehimpuls des Atoms. Im Grundzustand kann man das Atom nach allen Richtungen drehen, ohne dass man eine Veränderung bemerkt, denn die Wellenfunktion ist kugelsymmetrisch. Angeregte Zustände können jedoch einen Drehimpuls besitzen. Wie die Energie kann auch der Drehimpuls nur ganz bestimmte diskrete Werte annehmen. Beim Drehimpuls ist es sogar noch einfacher als bei der Energie, denn die möglichen Werte des Drehimpulses sind Vielfache eines kleinsten Drehimpulses, der durch das Wirkungsquantum h gegeben ist und oftmals durch das Symbol $\hbar$ bezeichnet wird: $\hbar = h/2\pi$. Der Drehimpuls kann also null sein, oder $\hbar$ oder $2\hbar$, $3\hbar$ etc. In der Atomphysik lässt man oft das Symbol $\hbar$ weg und spricht einfach vom Drehimpuls 0, 1, 2 etc.

Der Grundzustand des Wasserstoffs besitzt Drehimpuls Null, weil die Wellenfunktion des Elektrons kugelsymmetrisch ist, so dass keine Richtung des Raumes ausgezeichnet ist. Allein diese Tatsache veranschaulicht, dass es Probleme gibt, das Wasserstoffatom mit Hilfe unserer intuitiven Vorstellungen, die von der klassischen Mechanik geprägt sind, zu verstehen. Rein klassisch müsste sich das Elektron auf einer Bahn um das Proton bewegen. Jede mögliche Bewegung des Elektrons auf einer Bahn würde jedoch bedeuten, dass das Elektron eine Drehbewegung um das Proton ausführt, mithin einen gewissen Drehimpuls besitzt. Dieser wäre nur null, wenn das Elektron sich direkt neben dem Proton aufhält und sich gar nicht bewegt. Dies wiederum ist wegen der Unschärfebeziehung nicht möglich, denn die Fixierung des Elektrons auf einen sehr kleinen Raumbereich würde bedeuten, dass der Impuls des Elektrons und damit auch seine Geschwindigkeit und seine Energie sehr groß sind. Dann wäre das Atom aber nicht im Grundzustand, also im Zustand niedrigster Energie.

In den 20er Jahren des 20. Jahrhunderts bemerkten die Physiker, dass Elektronen komplizierter sind als zuvor gedacht. Bis dahin war der Steckbrief eines Elektrons vergleichsweise einfach. Es war ein punktförmiges Objekt mit einer gewissen Masse und einer wohldefinierten elektrischen Ladung. Wenn es sich bewegte, besaß es eine bestimmte Geschwindigkeit, also einen Impuls und damit einhergehend eine bestimmte Energie. Ruhte das Elektron, war seine Energie gegeben durch die Masse, entsprechend der von Einstein gefundenen Äquivalenz von Masse und Energie: $E = mc^2$. Es stellte sich jedoch heraus, dass Elektronen noch eine weitere Eigenschaft besitzen, nämlich einen Drehimpuls.

Wiederum erhalten wir hier einen Konflikt mit der klassischen Physik. Stellt man sich das Elektron wie eine kleine Kugel vor, etwa einen Tennisball, kann diese sehr wohl einen Drehimpuls besitzen, auch wenn sie sich nicht fortbewegt. Sie kann um eine beliebige Achse eine Drehbewegung ausführen und besitzt dann, wie man sagt, einen Eigendrehimpuls. Die Achse der Drehbewegung beschreibt dann die Richtung des Drehimpulses, der wie der Impuls oder die Geschwindigkeit eine gerichtete Größe ist, mathematisch ausgedrückt also ein Vektor. Wenn wir jetzt den Radius der Kugel kleiner und kleiner machen, gleichzeitig aber am Drehimpuls nichts ändern, bedeutet dies, dass sich die Kugel schneller und schneller drehen muss, wie eine Eisläuferin, die eine Pirouette vorführt und dabei die Arme anzieht. Im Grenzfall kann man sich vorstellen, dass der Radius der Kugel null wird, die Kugel also zu einem Punkt degeneriert, gleichzeitig aber der Drehimpuls derselbe bleibt. Dies ist nur möglich, wenn im Grenzfall die Drehgeschwindigkeit unendlich groß wird.

Auf der Grundlage eines solchen Grenzprozesses kann man sich durchaus vorstellen, dass der Eigendrehimpuls eines Punktteilchens einen bestimmten Wert annimmt. Nun hatten wir gesehen, dass die Quantentheorie bei den Atomen nur ganz diskrete Werte des Drehimpulses erlaubt. Ebenso ist es beim Eigendrehimpuls der Teilchen, für den man eine spezielle Bezeichnung eingeführt hat: Spin. Auch beim Spin sind nur bestimmte Werte erlaubt. Beim Elektron entdeckte man, dass der Spin ungleich null ist, und zwar genau halb so groß wie der oben diskutierte Wert $\hbar$. Er ist also $1/2\,\hbar$, also = $h/4\pi$.

Man kann sich die Frage stellen, ob man sich den Spin des Elektrons als einen Drehimpuls vorstellen sollte, der etwas mit der inneren Struktur des Teilchens zu tun hat und damit eine Drehung der Materie im Innern des Elektrons voraussetzt. Solche Versuche haben sich als unsinnig erwiesen. Im Gegensatz zum normalen Bahndrehimpuls ist der Spin des Elektrons eine reine Quanteneigenschaft, dem in der klassischen Physik nichts entspricht. Wie die Masse oder die Ladung des Elektrons ist der Spin eine innere Eigenschaft des Teilchens. Ohne seinen Spin ist das Elektron gar nicht denkbar. Während man bei einem klassischen Objekt, etwa einer rotierenden Kugel, den Eigendrehimpuls auf null bringen kann, etwa durch Abbremsen der Drehbewegung, ist dies beim Spin nicht möglich. Der Spin ist kein Zustand des Elektrons, den man nach Belieben ein- oder ausschalten kann, sondern permanent mit dem Teilchen verknüpft.

In der Teilchenphysik hat es sich eingebürgert, die Größe $\hbar$ in der Bezeichnung des Spins wegzulassen. Man spricht vom Spin 1/2, und das Elektron nennt man ein Spin-1/2-Teilchen. Obwohl der Spin eines Teilchens etwas anderes ist als der Bahndrehimpuls, hat er mit diesem gemeinsam, dass er eine gerichtete Größe darstellt. Wenn wir ein Elektron in Ruhe betrachten, kann der Spin in eine beliebige Richtung zeigen. Wiederum kommt jetzt die Quantentheorie ins Spiel. Sie besagt, dass es ausreicht, nur zwei Möglichkeiten des Spins zu betrachten, nämlich die Möglichkeit, dass er in eine bestimmte Richtung zeigt, etwa nach oben, und in die entgegengesetzte Richtung. Im ersten Fall ist der Spin $+1/2$, im anderen Fall $-1/2$. Man spricht deshalb von zwei verschiedenen Spinzuständen. Zeigt der Spin nicht nach oben oder unten, sondern in eine anderen Richtung, kann man den Zustand des Teilchens aus den oben genannten zwei Zuständen konstruieren.

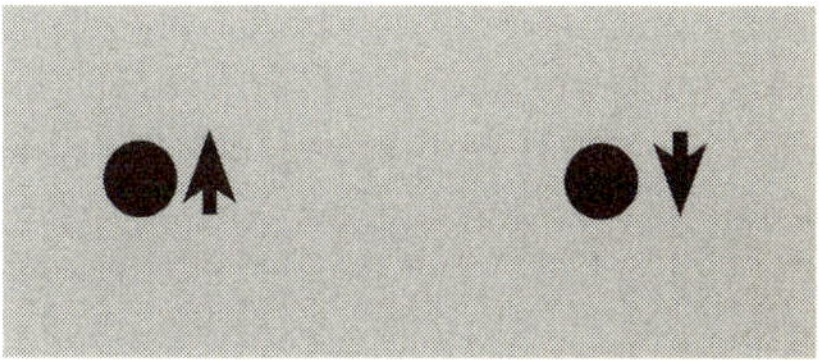

Abb. 3.1: Die beiden verschiedenen Spinzustände $+1/2$ (links) und $-1/2$ (rechts)

Ein Elektron, das sich in der Atomhülle eines Atoms befindet, lässt sich bezüglich seiner Drehimpulseigenschaften also durch zwei Angaben charakterisieren, durch die Angabe seines Bahndrehimpulses und durch seinen Spin. Der erstere kann alle ganzzahligen Werte annehmen, also 0, 1, 2 ..., der letztere ist entweder $+1/2$ oder $-1/2$. Die Tatsache, dass diese Werte diskrete Zahlen sind und keine beliebigen Werte, ist eine Folge der Quantentheorie. Die oben erwähnten ganz- oder halbzahligen Werte bezeichnet man als die Quantenzahlen des Elektrons.

Als man während des ersten Viertels des 20. Jahrhunderts die Elektronenhüllen der Atome im Detail untersuchte, entdeckte man eine weitere Eigentümlichkeit der Quantenphysik, die wie der Spin kein äquivalentes Gegenstück in der klassischen Physik hat. Man könnte sich in der Atomphysik ohne weiteres vorstellen, dass zwei Elektronen in der Atomhülle die gleichen Quantenzahlen tragen, z. B. Drehimpuls null und Spin $+1/2$. Die Gesetze der Quantenphysik erlauben dies, aber es erweist sich, dass die Natur diese Möglichkeit nicht erlaubt. Sie ist verboten. Es gibt ein weiteres Gesetz der Quantenphysik, das von Wolfgang Pauli eingeführt wurde und das besagt, dass zwei Elektronen in einem Atom nicht die gleichen Quantenzahlen haben dürfen. Diese Regel ist als Pauli-Verbot in das Vokabular der Atomphysiker eingegangen. Später stellte es sich heraus, dass das Pauli-Verbot eine Folge der Tatsache ist, dass das Elektron einen halbzahligen Spin besitzt. Wäre dieser 0 oder 1, also ganzzahlig, was ohne weiteres möglich wäre, jedoch in der Natur nicht realisiert ist, sähe es anders aus, denn dann könnten zwei Elektronen durchaus die gleichen Quantenzahlen besitzen.

Auch die beiden Nukleonen, das Proton und das Neutron, besitzen einen Spin $^1/_2$. Auch sie unterliegen dem Pauli-Verbot. Zwei Protonen oder zwei Neutronen in einem Atomkern dürfen also nicht die gleichen Quantenzahlen tragen. Viele Eigenschaften der Atomkerne lassen sich auf diese Weise erklären. Es gibt jedoch auch Teilchen, die einen ganzzahligen Spin besitzen, also 0, 1 etc. Wir werden auf diese in der Folge zurückkommen. Allerdings handelt es sich bei diesen Teilchen um instabile Objekte, die bei Kollisionen erzeugt werden und kurz darauf zerfallen. Bis heute ist kein stabiles Teilchen mit einem ganzzahligen Spin bekannt, mit einer Ausnahme: das Photon, das Teilchen des Lichts.

Auch das Licht besitzt Quanteneigenschaften, die letztlich durch die Einführung von Teilchen erklärt werden. Bereits der Schöpfer der klassischen Mechanik, Isaac Newton, sprach im 17. Jahrhundert davon, dass Licht durch einen Strom von Lichtteilchen beschrieben werden kann. Auf viel Resonanz ist er dabei nicht gestoßen, denn in der Folge konnte man die Erscheinungen des Lichts gut durch die Vorstellung beschreiben, dass es sich um ein Wellenphänomen handelt. Im Widerspruch zu den Newtonschen Vorstellungen von Lichtteilchen muss das nicht stehen. Jeder weiß, dass sich auf der Oberfläche eines Teiches Wasserwellen ausbilden, wenn man einen Stein ins Wasser wirft. Diese Wellen bestehen aus Wassermolekülen, also aus kleinsten Teilchen. Ebenso muss man sich eine Lichtwelle vorstellen. Sie besteht letztlich aus vielen kleinsten Teilchen, den Photonen. Wenn man beim Sonnenbaden die Wärme der Sonnenstrahlen empfindet, so kommt diese Empfindung durch das Auftreffen von Photonen zustande, die ihre Energie auf die Haut übertragen.

Was ist der Steckbrief eines Photons? Ein Photon wird ganz analog zum Elektron durch seine Energie, seine Masse und seinen Spin beschrieben. Seine elektrische Ladung ist null. Aus der Sicht des Teilchenphysikers ist das Photon jedoch ein sehr spezielles Teilchen. Es besitzt keine Masse. Aus Einsteins Relativitätstheorie, die wir hier nicht im Detail erläutern können, folgt, dass sich ein Photon wegen seiner Masselosigkeit niemals in Ruhe befinden kann. Es bewegt sich immer mit Lichtgeschwindigkeit. Wie unruhige Manager sind Photonen ständig unterwegs, kommen also niemals zur Ruhe.

Photonen besitzen eine bestimmte Energie, die beliebige Werte annehmen kann und von der Frequenz des betreffenden Lichts abhängt. Die Quantentheorie besagt, dass die Energie eines Photons durch das Produkt des Wirkungsquantums h und der Frequenz v gegeben ist: E = h v. Die Photonen des roten Lichts besitzen weniger Energie als die Photonen des blauen Lichts, und deren Energie ist wiederum kleiner als die Energie der Photonen der Röntgenstrahlung. Letztere ist im Bereich von einigen eV.

Mit Hilfe von Beschleunigern kann man heute Photonen erzeugen, deren Energie mehr als 100 GeV beträgt. Eine Strahlung von Photonen mit Energien, die weit über den Energien der Photonen des sichtbaren Lichts liegen, bezeichnet man als Gammastrahlung, die entsprechenden Photonen als Gammaquanten. Manche instabile Atomkerne zerfallen durch Abstrahlung von Gammaquanten.

Ein Gammaquant, das in ein Atom eindringt, kann mit dem starken elektromagnetischen Feld in der Nähe des Atomkerns eine Wechselwirkung eingehen, mit einem höchst interessanten Resultat. Eine solche Reaktion ist in Abb. 3.2 gezeigt.

Bei der Reaktion werden im Raum zwei Teilchen aus der erhältlichen Energie erzeugt, ein Elektron und ein Teilchen mit einer positiven elektrischen Ladung, das dieselbe Masse und denselben Spin wie das Elektron besitzt. Letzteres ist das Antiteilchen des Elektrons, das Positron. Es wurde 1932 bei Experimenten zur Untersuchung der kosmischen Teilchenstrahlung

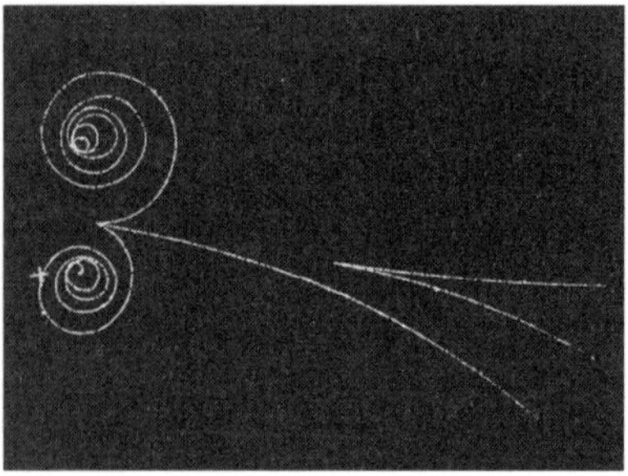

Abb. 3.2: Bei einer Kernreaktion entsteht ein Gammaquant, das mit dem elektrischen Feld in einem anderen Atom eine Reaktion eingeht, wobei ein Elektron und sein Antiteilchen, ein Positron, erzeugt werden. Beide Teilchen bewegen sich nach unten. Ihre Bahnen sind gekrümmt, weil sie sich in einem starken Magnetfeld bewegen. Die Bahn des Elektrons ist nach links gekrümmt, die Bahn des Positrons nach rechts.

entdeckt. Wie in Abb. 3.2 gezeigt, werden bei der Kernreaktion ein Elektron und ein Positron erzeugt, und zwar aus der Energie des Gammaquants, dessen Energie höher als die Summe der beiden Massen sein muss, also mehr als etwa 1 MeV. Man kann also nicht sagen, dass in der Natur zu jedem Elektron ein entsprechendes Antiteilchen vorhanden ist. Vielmehr kann das Antiteilchen in einer Teilchenkollision erzeugt werden. Wie oben erläutert, werden ein Teilchen und das zugehörige Antiteilchen zusammen aus Energie erzeugt, sozusagen paarweise. Aus diesem Grund nennt man den Prozess auch Paarerzeugung.

Wie fast jeder physikalische Prozess kann die Paarerzeugung auch rückwärts ablaufen, als Paarvernichtung. Wenn ein Elektron mit seinem Antiteilchen kollidiert, kommt es unweigerlich zur Vernichtung der beiden Teilchen, wobei meist zwei Photonen entstehen. Die Gesamtenergie der beiden Teilchen, eingeschlossen das Energieäquivalent der beiden Teilchenmassen, findet sich in der Energie der Photonen wieder. Dieser Prozess verdeutlicht wie kaum ein anderer, dass Materie nicht den Charakter von etwas Unzerstörbarem in sich trägt. Materie kann vernichtet und erzeugt werden.

Durch Experimente findet man heraus, dass es zu jedem Teilchen ein entsprechendes Antiteilchen gibt. Den Protonen und Neutronen können entsprechend Antiprotonen und Antineutronen zugeordnet werden. Antiprotonen haben eine negative elektrische Ladung, Antineutronen sind neutral. Auch diese Teilchen sind in der Natur nicht präsent, sondern entstehen erst bei Teilchenkollisionen. Manche Teilchen haben die Eigenschaft, dass das entsprechende Antiteilchen identisch mit dem Teilchen ist. Photonen haben beispielsweise diese Eigenschaft.

Es ist kein Zufall, dass Teilchen und Antiteilchen bei Kollisionen paarweise erzeugt werden. Ein tiefes Symmetrieprinzip offenbart sich hierbei, das letztlich eine Folge von Einsteins Relativitätstheorie und der Quantenphysik ist. Teilchen und Antiteilchen verhalten sich völlig symmetrisch. Eine Folge dieser Symmetrie ist beispielsweise die Tatsache, dass Teilchen und Antiteilchen dieselbe Masse besitzen. Die Teilchen-Antiteilchen-Symmetrie ist das erste Beispiel einer Symmetrie, die nicht direkt etwas mit der Struktur von Raum und Zeit zu tun hat, sondern mit der inneren Struktur der Mikrophysik. Aus diesem Grund nennt man eine solche Symmetrie auch innere Symmetrie. Wir werden nachfolgend noch eine ganze Reihe weiterer innerer Symmetrien kennen lernen.

4. Die Messer des Demokrit

Rutherford untersuchte die Struktur der Atome mit Hilfe von Alphateilchen. Diese Teilchen konnte man einfach erhalten, da sie von radioaktiven Atomkernen ausgesandt werden. Wenn man sich jedoch die Aufgabe stellt, die innere Struktur der Atomkerne und der Kernteilchen zu untersuchen, sind Alphateilchen leider völlig ungeeignet. Zum einen sind sie selbst Atomkerne, nämlich die Kerne von Helium, und zum anderen wäre die Energie der Alphateilchen im Bereich von etwa 5 MeV viel zu gering. Zwar mag es paradox klingen, jedoch ist es eine einfache Konsequenz der Quantentheorie: Je kleiner die Strukturen sind, die man untersuchen möchte, umso größer muss die Energie oder der Impuls der Teilchen sein, die man zur Untersuchung benutzt, und umso größer fallen die benötigten Apparaturen aus. Entsprechend der Unschärferelation bedeutet ein hoher Impuls eine geringe Unschärfe des Orts, und umgekehrt.

Man kann leicht berechnen, dass man mit Teilchen einer Energie von einigen MeV, etwa mit den Alphateilchen im Rutherford-Experiment, in der Lage ist, Strukturen im Bereich von 10^{-12} cm zu beobachten. Damit ist auch schon die Grenze der Auflösung erreicht. Will man noch kleinere Strukturen auflösen, benötigt man Energien, die darüber hinausgehen. Das Messer des Demokrit, das man benutzt, um die Strukturen im Innern der Materie herauszuschälen, wird also umso schärfer, je höher die Energie ist. Aus diesem Grunde ist man gezwungen, in der Teilchenphysik Apparaturen zu bauen, mit deren Hilfe man stabile Teilchen wie Elektronen oder Protonen auf hohe Energien beschleunigt, die Teilchenbeschleuniger.

Die Teilchenphysik wird oftmals auch als Hochenergiephysik bezeichnet – ein Hinweis darauf, dass zum Studium der Teilchen hohe Energien benötigt werden. Moderne Teilchenbeschleuniger sind komplizierte und kostspielige Anlagen. Jedoch sind die Grundprinzipien der Beschleunigertechnik einfach und ohne weiteres zu verstehen. Einen einfachen Teilchenbeschleuniger kann jeder, zumindest in Gedanken, selbst bauen. Benötigt werden ein Glasrohr, einige cm lang, zwei Metallplatten und eine 12V-Autobatterie. Die beiden Metallplatten werden an den Enden des Glasrohrs angebracht und mit den Polen der Batterie verbunden. Anschließend wird die Luft aus dem Rohr mit Hilfe einer Pumpe entfernt. Wenn sich jetzt ein Elektron im Innern des Rohres in der Nähe der negativ geladenen Platte befindet, wird es von dieser abgestoßen. Es bewegt sich, ständig beschleunigt durch die elektrische Kraft, in Richtung der positiv geladenen Platte und trifft schließlich dort auf. Die Energie des Elektrons beträgt bei der Ankunft 12 Elektronenvolt. Wir können mit dieser Vorrichtung einen ganzen Strom von Elektronen erhalten, wenn wir es einrichten, dass in der Nähe der negativ geladenen Platte viele Elektronen freigesetzt werden, etwa durch Bestrahlen der Platte mit energiereicher elektromagnetischer Strahlung oder durch Erhitzen eines Metalldrahtes in der Nähe der Platte, so dass Elektronen aus der Metalloberfläche herausgelöst werden. Die Röhre eines Fernsehapparats arbeitet nach einem ähnlichen Prinzip. Nur ist hier die Energie der Elektronen beim Auftreffen auf dem Bildschirm viel größer, etwa 20 000 eV.

Es ist leicht, die oben geschilderte Vorrichtung in einen Beschleuniger zu verwandeln. Wir ersetzen die positiv geladene Metallplatte durch einen aus dünnen Drähten bestehenden Schirm. Dieser zieht die Elektronen nach wie vor an, nur fliegen die meisten dann durch den Schirm hindurch. Man erhält also einen Strahl von Elektronen mit einer Energie von 12 eV. Diese Energie ist vergleichsweise gering, jedoch ist die Geschwindigkeit v der Elektronen durchaus beachtlich. Man kann sie leicht berechnen. Da sie auf jeden Fall viel kleiner als die Masse des Elektrons ist, wenn wir diese in eV ausdrücken, nämlich etwa 511 000 eV, kann man die Geschwindigkeit sofort erhalten, denn die Bewegungsenergie des Elektrons, die 12 eV beträgt, ist gleich $1/2\ mv^2$. Da der Masse des Elektrons die Energie mc^2 entspricht, ist das Verhältnis 12 eV/511 000 eV gleich $1/2\ v^2/c^2$. Die Geschwindigkeit v der Elektronen ergibt sich dann zu knapp 2060 km/s, wenn wir annehmen, dass die Geschwindigkeit der Elektronen beim Verlassen der negativ geladenen Platte null ist. Wäre die Energie 20 000 eV, wie beim Fernseher, so berechnet man leicht, dass die Geschwindigkeit der Elektronen dann etwa 84 000 km/s beträgt, also etwas mehr als ein Viertel der Lichtgeschwindigkeit.

Jeder Beschleuniger arbeitet nach dem oben geschilderten Prinzip. Wie kompliziert der Beschleuniger auch ist – die Teilchen werden immer mit Hilfe von elektrischen Feldern beschleunigt. Dies ist nur möglich, wenn die betreffenden Teilchen eine elektrische Ladung besitzen. Neutronen könnte man auf diese Weise nicht beschleunigen. Auch ist es erforderlich, dass die Teilchen stabil sind oder zumindest eine relativ lange Lebensdauer besitzen, denn die Beschleunigung eines Teilchens benötigt Zeit. Bei Elektronen und Protonen ist dies kein Problem, wohl aber bei den meisten anderen Teilchen, mit denen sich die Teilchenphysiker beschäftigen.

Da die Atome aus Elektronen, Protonen und Neutronen bestehen, ist die Beschaffung der Elektronen und Protonen kein Problem. Auch Positronen und Antiprotonen kann man beschleunigen – allerdings ist hier die Beschaffung der Teilchen wesentlich aufwendiger, da man sie erst mit Hilfe von Teilchenkollisionen herstellen muss. Leichte Atomkerne wie schwere Wasserstoffkerne oder Heliumkerne können ebenfalls beschleunigt werden. Im ersten Fall handelt es sich um Deuteronen, bestehend aus jeweils einem Proton und einem Neutron, im zweiten Fall um Alphateilchen. Auch schwere Atomkerne, wie etwa die von Blei oder Uran, können auf hohe Energie beschleunigt werden.

Der oben beschriebene 12eV-Beschleuniger beschleunigt Elektronen auf nur reichlich 2000 km/s. Bauen wir drei weitere Beschleunigungselemente dahinter, erhalten wir die vierfache Energie, also 48 eV und damit Elektronen mit der doppelten Geschwindigkeit, also reichlich 4000 km/s. Durch Aneinanderreihen von vielen Beschleunigungselementen können wir also die Energie immer weiter erhöhen, nicht jedoch die Geschwindigkeit. Erreicht man Geschwindigkeiten von etwa 100 000 km/s, versagen die Gesetze der klassischen Mechanik und müssen durch die Gesetze der Einsteinschen relativistischen Dynamik ersetzt werden. Je näher man an die Lichtgeschwindigkeit heranrückt, umso schwieriger wird es, die Geschwindigkeit noch weiter zu erhöhen. Relativ bald erreichen die beschleunigten Teilchen mehr als 99 % der Lichtgeschwindigkeit. Eine weitere Erhöhung der Geschwindigkeit erfolgt kaum noch, auch wenn die Energie weiter gesteigert wird. Wenn man beispielsweise 99 % von c erreicht hat, muss man die Energie um einen Faktor von etwa 3 weiter erhöhen, um schließlich 99,9 % von c zu erreichen.

Glücklicherweise ist es die Energie, nicht die Geschwindigkeit, die die Schärfe des Demokritschen Messers bestimmt. Als vor vielen Jahren einmal im US-Kongress über das Budget der Hochenergiephysiker gestritten wurde, bedurfte es lange Zeit, bis schließlich die meisten Kongressabgeordneten dem Budget zustimmten. Sie hatten Probleme zu verstehen, warum es wichtig ist, einen Beschleuniger zu bauen, der Protonen nicht nur auf 99 %, sondern auf 99,95 % der Lichtgeschwindigkeit beschleunigt und der deshalb wesentlich teurer wird. Warum soll man, so die durchaus verständliche Meinung einiger Abgeordneter,

99,9 % anpeilen, wenn 99 %, also nicht einmal ein Prozent weniger, doch so viel leichter zu erhalten sind?

Eine Maschine, bei der Protonen auf 99 % von c beschleunigt wurden, entsprechend einer Energie von 7 GeV, war der Beschleuniger Bevatron, der 1955 im kalifornischen Berkeley in Betrieb genommen wurde und mit dessen Hilfe man das Antiproton entdeckte. Der für die Entwicklung der Teilchenphysik sehr wichtige Beschleuniger AGS in Brookhaven auf Long Island bei New York (Inbetriebnahme 1960) erreichte 99,95 % von c und damit eine Energie von 30 GeV. Der im Bau befindliche Beschleuniger LHC am europäischen Teilchenphysikzentrum CERN bei Genf wird eine Energie von 14 TeV erreichen, also 14 000 GeV, was fast dem 15 000-fachen der Masse des Protons, ausgedrückt in Energieeinheiten, entspricht. Die Geschwindigkeit der Protonen beträgt in diesem Fall 0,999999998 c. Damit ist ersichtlich, dass die Geschwindigkeit der Teilchen in der Hochenergiephysik keine sinnvolle Einheit mehr ist – auf die Energie und den dazugehörigen Impuls kommt es an.

Auch die Aussage der Newtonschen Mechanik, dass Impuls gleich Masse mal Geschwindigkeit ist, stimmt in der Hochenergiephysik nicht mehr. Entsprechend der Einsteinschen Dynamik sind Energie und Impuls einander proportional, wobei die Proportionalitätskonstante die Geschwindigkeit ist, also bei hohen Energien die Lichtgeschwindigkeit. Nur bei Geschwindigkeiten, die im Vergleich zur Lichtgeschwindigkeit klein sind, wenn also die Energie im Wesentlichen durch die Masse gegeben ist, also durch $E = mc^2$, gilt die Newtonsche Mechanik. Ein Proton mit der Energie von 100 GeV besitzt also einen Impuls von 100 GeV/c. Der Impuls eines hochenergetischen Teilchens ist also im Wesentlichen gerichtete Energie.

Im Jahre 1960 wurde auf dem Gelände der Stanford-Universität in Kalifornien der SLAC-Elektronenbeschleuniger in Betrieb genommen, ein Glanzstück der Beschleunigertechnologie – die Abkürzung steht für Stanford Linear Accelerator Center. SLAC arbeitete nach dem oben beschriebenen Prinzip: Elektronen werden sukzessive auf hohe Energien beschleunigt, in einer zwei Meilen langen Beschleunigungsstrecke. Im Fall von SLAC waren es bis zu 20 GeV. Später wurde die Energie auf 50 GeV erhöht. Mit SLAC hatten die Physiker ein gigantisches Mikroskop zur Verfügung, das in der Lage war, tief in das Innere der Atomkerne zu schauen. Mit den Strukturen, die sie dabei entdeckten, werden wir uns anschließend beschäftigen.

Etwa um das Jahr 1930 fand man heraus, dass man auch mit einem einzigen Beschleunigungselement hohe Energien erreichen kann. Der Trick besteht darin, die Teilchen immer wieder durch das gleiche Element zu beschleunigen. Voraussetzung dafür ist, dass die Teilchen nach der erfolgten Beschleunigung auf einer gekrümmten Bahn, etwa einer Kreisbahn, zu ihrem Ausgangsort zurückkehren, so dass sie erneut beschleunigt werden können. Dies geschieht durch Anwendung von Magnetfeldern. Ein elektrisch geladenes Teilchen beschreibt in einem konstanten Magnetfeld eine Kreisbahn. Durch geschickte Ausnutzung der Gesetze der Elektrodynamik ist es damit möglich, die Teilchen auf einer Kreisbahn laufen zu lassen. Bei jedem Umlauf erhalten die Teilchen einen zusätzlichen Schub, so dass die Energie ständig steigt. Würde man nichts weiter tun, dann würden die Teilchen die vorgegebene Kreisbahn verlassen, da die nach außen wirkende Zentrifugalkraft die Teilchenbahn verändert. Bei wachsender Energie muss man deshalb das Magnetfeld an die neue Situation anpassen, also erhöhen. Im Prinzip könnte man so die Energie der Teilchen beliebig steigern, wenn es nicht einen begrenzenden Faktor gäbe, die Stärke des Magnetfeldes. Letzteres ist nicht beliebig steigerungsfähig und hängt von verschiedenen Faktoren ab, beispielsweise vom benutzten Material oder der eingesetzten Technologie.

Ein Ringbeschleuniger, in dem die Teilchen in einer ringförmigen Vakuumröhre umlaufen, ist also durch zwei Parameter gekennzeichnet, den Radius des Rings und die maximale Stärke des Magnetfeldes. Je größer der Radius ist und je stärker das Magnetfeld gemacht werden kann, umso größer die erreichbare Energie. Eine ganze Reihe von Protonenbeschleunigern wurden in der zweiten Hälfte des 20. Jahrhunderts errichtet, in Westeuropa, in den USA, in Japan und in der früheren Sowjetunion. Besonders hervorzuheben sind das Bevatron im kalifornischen Berkeley (1954, Energie 6 GeV), der AGS-Beschleuniger in Brookhaven bei New York (1960, 30 GeV), der PS-Beschleuniger am CERN bei Genf (1959, 25 GeV), der Beschleuniger am amerikanischen Fermilab bei Chicago (1972, 200 GeV, später 400 GeV) und der SPS-Beschleuniger des CERN (1976, 400 GeV, Ringumfang 26,7 km). Die Beschleunigung der Teilchen erfolgte an den meisten dieser Beschleuniger nicht vollständig in einem Ring. Vielmehr erwies es sich als günstig, mehrere Beschleunigungsringe hintereinander zu schalten, nach dem Prinzip einer Kaskade. So wurden die Protonen, die im SPS-Ring des CERN ihre letzte Beschleunigung erhielten, vorher im PS-Ring beschleunigt.

Die Beschleunigertechnologie machte einen beträchtlichen Fortschritt, als es gelang, das Magnetfeld mit Hilfe supraleitender Magnete herzustellen. In einem supraleitenden Material fließt der elektrische Strom ohne Widerstand, so dass keine Energie in Form von Wärmeverlusten verloren geht. Außerdem ist es möglich, stärkere Ströme durch die Drähte zu schicken, so dass man stärkere Magnetfelder erreichen kann, maximal bis fast 10 Tesla. Die erforderlichen Stromstärken erreichen mehrere tausend Ampere. Zum Vergleich: Die Feldstärke des Erdmagnetfeldes beträgt etwa $^1/_{20\,000}$ eines Tesla.

Mit Hilfe supraleitender Magnete gelang es am amerikanischen Fermilab im Jahre 1983, die Energie der Protonen auf 900 GeV zu erhöhen. Bei dem im Bau befindlichen LHC-Beschleuniger am CERN, dessen Abkürzung für Large Hadron Collider steht, werden ebenfalls supraleitende Magnete (Feldstärke 8,4 Tesla) eingesetzt, so dass Energien von 7 TeV, also 7000 GeV, pro Strahl erreicht werden. Es sei betont, dass der Ring des LHC im selben unterirdischen Tunnel errichtet wird, der vorher den 400-GeV-Beschleuniger beherbergt hat. Durch Verwendung supraleitender Magnete gelingt es also, die Energie auf mehr als das 17fache zu erhöhen.

Nachdem die Teilchen auf nahezu Lichtgeschwindigkeit beschleunigt wurden, beginnt die eigentliche Arbeit der Hochenergiephysiker. Die Teilchen werden nach Erreichung ihrer Energie aus dem Ring extrahiert und auf ein Stück Materie, auf ein «target» geleitet. Es kommt zu Kollisionen, und die Erforschung dieser Kollisionen ist die eigentliche Aufgabe der Physiker. Die Kollision eines beschleunigten Protons mit einem Atomkern bzw. seine Streuung am Kern geschieht in einer äußerst kurzen Zeit, die durch die Zeitspanne gegeben ist, die das Proton benötigt, um den Atomkern faktisch mit Lichtgeschwindigkeit zu durchqueren, etwa 10^{-24} s. Eine genaue Verfolgung der Kollision ist also unmöglich, wohl aber die Untersuchung ihrer Endprodukte. Wir wissen, welche Teilchen vor der Kollision vorhanden waren, und wir sehen, welche Teilchen mit welchen Energien bzw. Impulsen den Ort des Zusammentreffens verlassen.

Die Situation ähnelt einem Verkehrsunfall, bei dem es keine Zeugen gibt. Die Polizeibeamten werden dann versuchen, den Hergang des Geschehens nach den vorliegenden Fakten (Schäden an den Fahrzeugen, Lage der Fahrzeuge etc.) zu rekonstruieren. Hierbei können sich die Polizisten darauf verlassen, dass bei einem Verkehrsunfall die Gesetze der klassischen Mechanik anwendbar sind. In der Teilchenphysik ist es komplizierter, da die herrschenden Naturgesetze zwar den Hergang der Kollision bestimmen, diese Gesetze aber den Physikern nicht oder nur approximativ bekannt sind. Aus einer einzigen Kollision kann man dann nicht viel lernen. Wenn man jedoch viele Kollisionen studiert, von einigen Hundert bis zu vielen Millionen Ereignissen, kann man letztlich viel über die Naturgesetze der Mikrophysik herausfinden.

Die Messung der Eigenschaften der Teilchen, die nach der Kollision davonfliegen, erfolgt in Nachweisgeräten, deren Effizienz im Laufe der Zeit immer wieder gesteigert wurde. In den Anfangsjahren der Teilchenphysik behalf man sich noch mit Nebelkammern und Szintillationszählern. Später wurden Blasenkammern verwendet, bei denen die Teilchenspuren in Flüssigkeiten aufgezeichnet wurden. Eine andere Möglichkeit, Teilchen zu beobachten, ist die Verfolgung von Teilchenspuren mit Hilfe von Metallplatten, die unter Spannung stehen und zwischen denen beim Durchgang eines Teilchens kleine Funken entstehen. Heute werden fast ausschließlich komplizierte elektronische Nachweisgeräte eingesetzt, die den Vorteil haben, dass die Signale, die beim Durchgang eines Teilchens entstehen, sofort mit

Hilfe von Computern aufgezeichnet und weiterverarbeitet werden können. Dadurch wird die Analyse der Teilchenkollisionen wesentlich erleichtert. Jedoch kann man die Teilchenkollision nicht mehr direkt beobachten – der Teilchenphysik wurde ein Stück Anschaulichkeit genommen.

Bei den Teilchenkollisionen gilt ebenso wie in der Alltagswelt das Gesetz von der Erhaltung des Impulses. Ein Proton, das mit einer Energie von 1000 GeV auf ein ruhendes Proton trifft, besitzt einen Impuls von 1000 GeV/c, das ruhende Proton hat keinen Impuls. Nach der Kollision muss der Gesamtimpuls des Systems nach wie vor 1000 GeV/c sein. Dies bedeutet, dass die Summe der Impulse aller wegfliegenden Teilchen ebenfalls 1000 GeV/c ist. In der Praxis sieht das so aus, dass nach der Kollision alle Teilchen nach vorn, in Richtung des hereinfliegenden Protons, davonfliegen. Das Hauptziel von Teilchenkollisionen ist jedoch, möglichst viel der zur Verfügung stehenden Energie in Masse zu verwandeln, etwa in die Masse neuer Teilchen. Am besten wäre es, wenn zumindest im Prinzip die Möglichkeit bestünde, die gesamte Energie in Masse umzusetzen – im oben erwähnten Beispiel wäre das eine Masse von 1000 GeV, in Energieeinheiten ausgedrückt. Wegen der Erhaltung des Impulses ist dies jedoch nicht möglich. Nur ein kleiner Teil der zur Verfügung stehenden Energie kann in Masse umgewandelt werden, maximal 42 GeV.

Anders sieht es aus, wenn wir das beschleunigte Proton nicht auf ein ruhendes Proton lenken, sondern gegen ein anderes bewegtes Proton mit der gleichen Energie, aber mit einem genau entgegengesetzten Impuls, so dass die Summe der Impulse der beiden Teilchen null ist. In diesem Fall ist die Wucht der Kollision viel stärker. Maximal stünden für die Erzeugung von Masse 2000 GeV zu Verfügung, also wesentlich mehr als vorher. Auch hier ist die Analogie mit einem Verkehrsunfall hilfreich. Der Schaden, der an einem Auto entsteht, wenn es mit einem ruhenden Auto kollidiert, ist wesentlich geringer als der Schaden, der entsteht, wenn es mit einem anderen fahrenden Auto frontal zusammenstößt. Allerdings sind solche frontalen Kollisionen wesentlich schwieriger zu arrangieren als Kollisionen mit einem ruhenden «target». Zum einen benötigt man zwei verschiedene Teilchenstrahlen, zum anderen ist es nicht so einfach, einen Teilchenstrahl genau so zu lenken, dass er mit dem anderen Strahl frontal zusammentrifft. Mit einem Gewehr einen Baumstamm zu treffen, ist relativ leicht, eine andere Gewehrkugel im Flug zu treffen, ist ungleich schwieriger. In der Teilchenphysik kommt es nicht nur auf die erreichte Energie an, sondern auch auf die Anzahl der Kollisionen pro Sekunde, die man erreicht, auf die sog. Luminosität.

Trotz vieler technischer Schwierigkeiten ist es gelungen, frontale Teilchenkollisionen zu arrangieren. Die entsprechenden Maschinen heißen in der englischen Fachsprache «collider». Die erste Kollisionsmaschine wurde am CERN im Jahre1972 fertiggestellt, der «Intersecting Storage Ring» (ISR). Zwei parallel verlaufende Strahlrohre wurden am ISR mit Protonen der Energie von 30 GeV gefüllt. Die Kollisionen erfolgten an spezifischen Kollisionspunkten. Insgesamt stand also die Energie von 60 GeV für die Erzeugung von neuen Teilchen zur Verfügung. Nach vielen anfänglichen Schwierigkeiten erreichten die CERN-Physiker schließlich eine Kollisionsrate von fast 10 Millionen Kollisionen in der Sekunde.

Zu Beginn der 70er Jahre konstruierten die Physiker am SLAC eine vergleichsweise billige, aber ungemein erfolgreiche Kollisionsmaschine, genannt SPEAR. Das Prinzip war denkbar einfach. In einen Ring wurden gleichzeitig Elektronen und Positronen gegenläufig eingeführt. Da die Positronen eine positive elektrische Ladung besitzen, werden sie im Magnetfeld genau in die andere Richtung abgelenkt als Elektronen. Driftet ein Positron nach links im Magnetfeld, driftet entsprechend ein Elektron nach rechts. Aus diesem Grund können Positronen und Elektronen in einem «collider»-Ring zusammen in derselben Vakuumröhre fliegen, vorausgesetzt, sie haben dieselbe Energie. Bei der Kollision der beiden Teilchen kommt es zur vollständigen Vernichtung. Die gesamte zur Verfügung stehende Energie kann in die Erzeugung neuer Teilchen, also in Masse, umgesetzt werden. Aus diesem Grund sind Elektron-Positron-Kollisionen besonders effektiv, um neue Teilchen und Phänomene zu finden.

In der Tat wurden mit Hilfe von SPEAR und später mit Hilfe des DORIS-Beschleunigers am DESY-Labor in Hamburg wichtige Entdeckungen gemacht, die für die Entwicklung des heutigen Standardmodells der Teilchenphysik von richtungsweisender Bedeutung waren. Unvergessen wird das Wochenende des 9. November 1974 bleiben, als man am SLAC die Umwandlung der gesamten zur Verfügung stehenden Energie der Elektronen und Positronen in ein neues schweres Teilchen beobachtete, das später den Doppelnamen J/ψ erhielt und für die weitere Entwicklung der Teilchenphysik eine große Rolle spielte.

In der Folge wurden eine Reihe weiterer Elektron-Positron-Maschinen gebaut: PETRA am DESY, PEP in Stanford, und TRISTAN in Tsukuba (Japan). Anfang der 90er Jahre begann der Betrieb der LEP-Maschine am CERN, mit der man zum ersten Mal Präzisionsexperimente bei sehr hohen Energien durchführen konnte. Der Umfang des LEP-Rings beträgt 26,7 km. Das Forschungsprogramm am LEP war für die Konsolidierung des heute vorliegenden Standardmodells der Teilchenphysik von größter Bedeutung. Ähnliche Energien wie am LEP wurden einige Jahre später mit dem Stanford Linear Collider, kurz SLC genannt, erreicht. Bei dieser Maschine wurde der Linearbeschleuniger des SLAC benutzt, um sowohl Elektronen als auch Positronen auf ca. 50 GeV zu beschleunigen. Die Kollisionen wurden dadurch erreicht, dass beide Teilchen nach erfolgter Beschleunigung durch starke Magnetfelder um ca. 270° abgelenkt wurden.

Neuland wurde in den 90er Jahren am Hamburger DESY-Labor betreten, als der neue Beschleuniger HERA seinen Betrieb aufnahm. Zum ersten Mal gelang es bei HERA, Elektronen, beschleunigt auf eine Energie von 30 GeV, frontal mit Protonen, beschleunigt auf eine Energie von 800 GeV, kollidieren zu lassen. Mit Hilfe der HERA-Maschine ist es gelungen, eine besonders genaue Analyse der inneren Struktur des Protons durchzuführen, bis hinunter zu Distanzen von etwa 10^{-16} cm, also einem Tausendstel der Ausdehnung des Protons.

Elektronen und Positronen haben einen Nachteil. In Ringbeschleunigern kann man sie nicht auf sehr große Energien beschleunigen, ohne dass der Radius des Rings unverhältnismäßig groß wird. Der Grund hierfür ist in der kleinen Masse dieser Teilchen zu sehen. Dies hat zur Folge, dass bei der geringsten Änderung der Richtung des Impulses das mitbeschleunigte elektromagnetische Feld des Teilchens die Tendenz hat, sich selbständig zu machen und als elektromagnetische Strahlung davonzufliegen, als die sog. Synchrotronstrahlung. Ein Ringbeschleuniger, in dem Elektronen im Kreis fliegen, also ständig die Richtung ihrer Impulse ändern, ist gleichzeitig eine Quelle dieser Strahlung, was zur Folge hat, dass ständig auch Energie abgestrahlt wird. Je näher man die Geschwindigkeit der Elektronen an die Lichtgeschwindigkeit heranbringt, umso stärker wird die Synchrotronstrahlung, so dass letztlich kaum noch Energie für die Beschleunigung der Teilchen übrig bleibt.

Das Problem besteht jedoch nicht, wenn sich die schnell bewegten Elektronen auf gerader Strecke bewegen. Aus diesem Grunde ist es wesentlich günstiger, Elektronen und Positronen auf einer geraden Strecke zu beschleunigen, in einem Linearbeschleuniger, wenn man Energien von mehreren hundert GeV erreichen möchte. Deshalb werden zur Zeit Pläne erarbeitet, um einen großen Linearbeschleuniger als globales Projekt der Teilchenphysiker zu errichten. In diesem Linearbeschleuniger sollen Energien von 250 bis 500 GeV pro Strahl erreicht werden. Ein Linearbeschleuniger dieser Größenordnung, etwa das Projekt TESLA am DESY in Hamburg, wäre eine ideale Maschine, um die heute vorliegende Theorie der Teilchen und ihrer Wechselwirkungen unter extremen Bedingungen zu testen und vermutlich sogar die Grenzen des Gültigkeitsbereichs dieser Theorie zu überschreiten.

Ein entscheidender Fortschritt wurde zu Beginn der 80er Jahre am CERN gemacht, als es gelang, die ersten frontalen Kollisionen von Protonen und Antiprotonen bei hohen Energien durchzuführen. Antiprotonen gibt es nicht in der uns umgebenden Materie. Man kann sie jedoch in Teilchenkollisionen herstellen und sie ebenso wie Protonen beschleunigen. Allerdings sind die technischen Schwierigkeiten, einen sauberen Strahl von vielen Antiprotonen herzustellen, also einen Strahl, bei dem die

Antiprotonen alle denselben Impuls besitzen, enorm und wurden erst nach jahrelanger intensiver Forschung überwunden.

Wie im Fall der Elektron-Positron-Maschine können Protonen und Antiprotonen in einem «collider»-Ring zusammen in derselben Vakuumröhre fliegen, vorausgesetzt, sie haben dieselbe Energie und die Antiprotonen fliegen genau entgegengesetzt zu den Protonen. Am CERN wurden ab 1981 Proton-Antiproton-Kollisionen untersucht, bei der beide Teilchen schließlich die Energie von 400 GeV erreichten. Die Investition hat sich gelohnt, denn bald gelang es, die ersten W- und Z-Teilchen nachzuweisen. Das waren jene von den Theoretikern vorausgesagten Teilchen, die für die Vermittlung der schwachen Kräfte, die beispielsweise den radioaktiven Zerfall des Neutrons verursachen, verantwortlich sind. Seit Beginn der 90er Jahre übernahm das Fermilab bei Chicago die Führung beim Studium der Proton-Antiproton-Kollisionen. Ebenso wie der CERN-Ring wurde der große Ring des Fermilab-Beschleunigers umgerüstet, um damit frontale Kollisionen von Antiprotonen mit Protonen zu untersuchen.

Das oben erwähnte Problem bei der Beschleunigung von Elektronen bzw. Positronen bezüglich der Synchrotronstrahlung gibt es bei Protonen im Prinzip auch, jedoch spielt es für praktische Belange, wegen der großen Masse der Protonen, keine Rolle. Deshalb kann man Protonen bzw. Antiprotonen auf Energien von Tausenden von GeV in Ringmaschinen beschleunigen, ohne dass erhebliche Abstrahlungsverluste auftreten. Etwa im Jahre 2006 wird der bereits erwähnte neue Beschleuniger LHC am CERN in Betrieb genommen. Dieser Beschleuniger, im Tunnel des LEP-Rings errichtet, wird Protonen auf 14 TeV beschleunigen, in zwei verschiedenen Vakuumröhren wie beim ISR, so dass man frontale Kollisionen durchführen kann. Mit dem LHC wird zum ersten Mal die Tür in den TeV-Bereich auf der Energieskala weit aufgestoßen. Noch ist nicht abzusehen, wie die Physik auf dieser Skala aussehen wird, obwohl es an theoretischen Spekulationen nicht mangelt. Es gibt jedoch kaum einen Teilchenphysiker, der nicht davon ausgeht, dass der vom LHC abgedeckte Energiebereich für Überraschungen sorgen wird.

Abschließend noch einige Worte über die verschiedenen Methoden, Teilchen in den Experimenten zu beobachten. Bis etwa 1970 war es üblich, die Teilchen mit Hilfe von Nebelkammern und Blasenkammern zu beobachten. Die elektrisch geladenen Teilchen erzeugten beim Durchflug kleine Spuren, die man direkt sehen oder auch photographieren konnte. Zu Beginn der 70er Jahre gelang es jedoch, die Spuren der Teilchen mit Hilfe elektronischer Methoden zu erfassen. Dadurch büßte die Teilchenphysik zwar an Anschaulichkeit ein, jedoch hatte man auf diese Weise die Möglichkeit, die Spuren von Teilchen sofort mit Computern zu analysieren. Zudem waren die elektronischen Teilchendetektoren flexibler in der Handhabe und konnten schnell aufeinander folgende Ereignisse registrieren. Mit Hilfe elektronischer Detektoren war man erstmals auch in der Lage, auf bestimmte Ereignisse zu «triggern», d.h., nur ganz bestimmte Ereignisse zu registrieren. Jedenfalls war die Entwicklung der Detektortechnik ein sehr wichtiger Schritt in der Teilchenphysik, um zu neuen Erkenntnissen vorzustoßen.

5. Quarks im Innern der Atomkerne

Rutherford untersuchte die Struktur der Atome mit Hilfe von Alphateilchen. Wenn man sich die Aufgabe stellt, die innere Struktur der Atomkerne und der Kernteilchen zu untersuchen, sind Alphateilchen jedoch völlig ungeeignet. Zum einen sind sie selbst Atomkerne, nämlich die Kerne von Helium, und zum anderen wäre die Energie der Alphateilchen im Bereich von einigen MeV viel zu gering. Zwar mag es paradox klingen, jedoch ist es eine einfache Konsequenz der Quantentheorie: Je kleiner die Strukturen sind, die man untersuchen möchte, umso höher muss die Energie oder der Impuls der Teilchen sein, die man zur Untersuchung benötigt. Entsprechend der Unschärferelation bedeutet ein hoher Impuls eine geringe Unschärfe des Orts, und umgekehrt. Man kann leicht berechnen, dass man mit Teilchen einer Energie von einigen MeV, etwa mit den Alphateilchen im Rutherford-Experiment, in der Lage ist, Strukturen im Bereich von 10^{-12} cm zu beobachten. Damit ist auch schon die Grenze der Auflösung erreicht. Will man noch kleinere Strukturen beobachten, benötigt man Energien, die darüber hinausgehen. Aus diesem Grunde ist man gezwungen, in der Teilchenphysik Beschleuniger zu konstruieren, mit deren Hilfe man stabile Teilchen wie Elektronen oder Protonen auf hohe Energien beschleunigt.

Für Strukturuntersuchungen sind Elektronen besonders gut geeignet, denn diese Teilchen sind nach unserem heutigen Wissen strukturlos, also punktförmig, im Gegensatz zu den Nukleonen. Als man feststellte, dass die Atomkerne einen Radius im Bereich von 10^{-12} bis 10^{-13} cm besaßen, war es nicht klar, ob diese Ausdehnung von den starken Kräften zwischen den Teilchen hervorgerufen wird oder ob sie etwas mit der Ausdehnung der Kernteilchen selbst zu tun hat. Eine Klärung dieser Frage erfolgte in den 50er Jahren des 20. Jahrhunderts, als man mit hochenergetischen Elektronen Protonen und Neutronen untersuchte. Die Größe der Kernteilchen kann man messen, indem man Elektronen an ihnen streut. Ein Elektron, das nahe an einem Kernteilchen vorbeifliegt, wird in seiner Flugrichtung abgelenkt, wobei der Grad der Ablenkung von der Verteilung der elektrischen Ladung im Innern des Teilchens abhängt. Auf diese Weise fand man heraus, dass bei einem Proton die positive elektrische Ladung nicht in einem Punkt konzentriert ist, sondern sich über eine Kugel mit einem Durchmesser von etwa 10^{-13} cm verteilt. Ferner stellte man fest, dass ein Neutron zwar keine elektrische Ladung trägt, im Innern des Neutrons aber sehr wohl eine elektrische Ladungsverteilung vorliegt, wobei sich positive und negative Ladungen kompensieren. Es sah also ganz so aus, als würden sich im Innern eines Neutrons elektrische Ladungen aufhalten, nur wusste man nicht, um welche Ladungsträger es sich hierbei handelt. Die vorherrschende Meinung war, dass die elektrische Ladung im Innern der Kernteilchen kontinuierlich verteilt ist, also eine Art Ladungsbrei vorhanden ist.

Wie sich erst Jahre später herausstellte, wurde im Jahre 1964 ein wichtiger Schritt in Richtung eines besseren Verständnisses der Ladungsstruktur der Nukleonen getan. Unabhängig voneinander schlugen die US-Physiker Murray Gell-Mann am California Institute of Technology und George Zweig am CERN vor, dass die Nukleonen aus drei elektrisch geladenen Objekten mit Spin $^1/_2$ bestehen, den Quarks. Der Name, der von Gell-Mann eingeführt wurde, ist ein Kunstwort, das erstmalig in dem Roman «Finnegans Wake» des irischen Schriftstellers James Joyce auftauchte. Es waren jedoch nicht die Resultate der Elektron-Nukleon-Streuung, die Gell-Mann und Zweig auf die Idee brachten, sondern die Tatsache, dass sich mit dieser Hypothese eine ganze Reihe neuer Phänomene erklären ließen, die in Zusammenhang mit neu entdeckten Teilchen und deren Symmetrieeigenschaften standen.

Zwei verschiedene Quarks, bezeichnet mit den Symbolen u («up») und d («down»), benötigt man für den Aufbau von Proton und Neutron. Das Proton besteht dabei aus zwei u-Quarks und einem d-Quark: p = (uud). Beim Neutron vertauschen sich die Rollen von u und d: n = (ddu). Analog besteht das Antiproton aus zwei Anti-u-Quarks und einem Anti-d-Quark, entsprechend das Antineutron aus zwei Anti-d-Quarks und einem Anti-u-Quark.

Interessant sind insbesondere die elektrischen Ladungen der Quarks. Das u-Quark trägt eine nichtganzzahlige Ladung, gemessen an der Protonenladung – sie ist $^2/_3$. Die Ladung des d-Quarks ist ein Drittel der Ladung des Elektrons, nämlich $-^1/_3$. Analog sind die Ladungen der Antiquarks $-^2/_3$ bzw. $+^1/_3$. Die Ladungen der beiden Kernteilchen ergeben sich als die Summen der Quarkladungen. Für die Protonenladung erhält man also: $^2/_3 + ^2/_3 - ^1/_3 = 1$, für die Neutronenladung: $^2/_3 - ^1/_3 - ^1/_3 = 0$. Innerhalb des Neutrons befinden sich also elektrisch geladene Objekte, die Quarks, wobei sich die Ladungen nach außen hin exakt aufheben. Die merkwürdigen drittelzahligen Ladungen der Quarks sind zweifelsohne die überraschendste Eigenschaft der Quarks. Aus diesem Grund stieß die Hypothese auf eine starke Kritik. Zweig hatte sogar Probleme, seine Arbeit zu publizieren.

Abb. 5.1: Drei Quarks im Innern des Protons

Insbesondere wegen der ungewöhnlichen elektrischen Ladungen nahmen die Physiker anfänglich an, dass es sich bei den Quarks nicht um wirkliche Bausteine der Kernteilchen handelt, sondern um abstrakte mathematische Symbole zur Beschreibung der Teilchen und ihrer Symmetrieeigenschaften. Niemand dachte an die Möglichkeit, die Quarks im Experiment direkt zu beobachten.

Wenn man ein schnell bewegtes Elektron mit einem punktförmigen Ladungsträger zur Kollision bringt, etwa mit einem anderen Elektron, erfolgt bei dem Zusammenprall meist eine starke Ablenkung des Elektrons – man spricht von einem großen Impulsübertrag von einem Teilchen auf das andere. Dies ist jedoch nur möglich, weil die Ladung des getroffenen Teilchens stark konzentriert ist. Der Vorgang verläuft analog zum Rutherford-Experiment mit Alphastrahlen, bei dem man feststellte, dass die positive elektrische Ladung im Atomkern konzentriert ist. Im Jahre 1967 begann man, die Struktur der Kernteilchen mit Hilfe des neuen Linearbeschleunigers am SLAC in Kalifornien zu untersuchen. Die stark beschleunigten Elektronen wurden auf Atomkerne geschossen, und aus der Art der Ablenkung konnte man schließen, wie die elektrischen Ladungen in den Kernteilchen verteilt sind. Niemand erwartete, dass die Resultate der SLAC-Experimente so einfach sein würden, wie es sich letztlich herausstellte.

Überrascht beobachteten die Physiker, dass hin und wieder ein Elektron stark in seiner Flugrichtung abgelenkt wurde, ganz analog zum Rutherfordschen Experiment. Diese Ereignisse deuteten darauf hin, dass die Elektronen bei ihrem Flug durch die Kernmaterie manchmal frontal auf ein punktförmiges geladenes

Objekt auftrafen. Bei einer genaueren Analyse der Experimente, die sich allerdings bis Anfang der 70er Jahre hinzog, konnte man auch Rückschlüsse auf die elektrischen Ladungen im Innern der Kernteilchen ziehen. Sie erwiesen sich als $2/3$ und $-1/3$ – es handelte sich also anscheinend um die Quarks.

Bei den SLAC-Experimenten wurden Elektronen faktisch mit Lichtgeschwindigkeit auf die ruhenden Kernteilchen geschossen. Um die Resultate der Experimente besser zu verstehen, empfiehlt es sich jedoch, diesen Prozess aus der Sicht eines schnell bewegten Beobachters anzuschauen, der sich mit der Flugrichtung des Elektrons bewegt. Hierbei handelt es sich keineswegs um eine neue physikalische Situation, sondern nur um eine neue Sichtweise, vergleichbar mit der Beobachtung der Kollision von zwei Autos, einmal aus der Sicht eines ruhenden Beobachters, einmal aus der Sicht eines Passagiers in einem zufällig vorbeifahrenden Zug. Das Resultat der Kollision, der entstehende Schaden an den beiden Autos, hängt selbstverständlich nicht vom Beobachter ab.

Der sich bewegende Beobachter sieht von seiner Warte aus, wie die Kernteilchen und die Elektronen beide mit hohen Geschwindigkeiten frontal aufeinandertreffen. Was passiert mit dem Proton, wenn das Elektron mit einem der Quarks im Innern des Protons kollidiert? Da nur eines der drei Quarks im Proton getroffen wird, bewegen sich die beiden andern weiter, als wäre nichts geschehen, während das dritte, vom Elektron getroffen, in eine bestimmte Richtung abgelenkt wird, sich also auf jeden Fall von den beiden anderen Quarks weit entfernt. Das kollidierende Elektron wird dabei genau in die entgegengesetzte Richtung abgelenkt. Man würde also denken, dass auf diese Weise das Proton in seine Quarks zerlegt wird. Führt man das Experiment durch, bemerkt man nichts dergleichen. Stattdessen beobachtet man, dass entgegengesetzt zum herausfliegenden Elektron ein Strahl von Teilchen davonfliegt. Meist handelt es sich hierbei um sog. Mesonen, auf die wir später zurückkommen werden. Auch die beiden Quarks, die ihre Flugrichtung nicht geändert haben, manifestieren sich bei genauerer Untersuchung nicht als zwei Quarks, sondern als ein Strahl von Teilchen, unter denen sich meist ein Proton oder Neutron befindet. Eine Zerlegung des Protons in seine Konstituenten findet also im Grunde nicht statt.

Damit erhalten wir hier ein anderes Ergebnis als seinerzeit beim Rutherfordschen Experiment. Wenn ein Alphateilchen mit dem Atomkern kollidiert, wird Letzterer aus dem Atomverband herauskatapultiert, weil die Kräfte innerhalb der Atome relativ schwach sind. Bei den Kernteilchen ist es offensichtlich anders. Die Kräfte zwischen den Quarks sind offenbar so stark, dass von einem Herauslösen einzelner Quarks durch die Kollision mit dem Elektron keine Rede sein kann. Wenn diese Kräfte aber so stark sind, stellt sich jedoch die Frage, wieso die Quarks im Inneren der Kernteilchen sich so wie punktförmige Teilchen verhielten, also wie Teilchen, die außer den elektrischen Kräften keinen anderen Kräften unterliegen.

Eine genauere Untersuchung der experimentellen Resultate konfrontierte die Physiker mit einem weiteren Rätsel. Wenn ein Elektron, das einen großen Impuls trägt, bei der Kollision mit einem Kernteilchen abgelenkt wird, kommt es auf zwei verschiedene physikalische Größen an, die etwas über die Art der Kollision aussagen: zum einen auf den vorliegenden Streuwinkel, der, sagen wir, 20° beträgt, zum anderen auf den Energieverlust, den es bei der Kollision erleidet. Beträgt die Energie am Anfang beispielsweise 20 GeV, kann sie nach der Kollision nur noch 12 GeV sein. Diese Verteilung der Energien und der Winkel kann man genau messen. Sie sagen etwas aus über die Verteilung der Impulse der Quarks in einem schnell bewegten Kernteilchen. Wenn man sich vorstellt, dass ein Proton aus drei Quarks besteht, könnte man annehmen, dass ein schnell bewegtes Proton mit einer Energie von, sagen wir, 18 GeV sich so verhält wie ein Bündel aus drei Quarks, jedes mit der Energie von 6 GeV, also einem Drittel der Gesamtenergie. Entsprechend wäre der Impuls eines Quarks ein Drittel des Impulses des Protons.

Die Experimente ergeben ein anderes Bild. Die Quarks tragen nicht etwa ein Drittel des gesamten Impulses, sondern zeigen eine interessante Impulsverteilung. Manchmal trägt ein Quark tatsächlich etwa ein Drittel des gesamten Impulses, oft aber auch viel weniger, sagen wir, $^1/_{10}$ des Impulses. Allein diese Information ist für das theoretische Verständnis der Quarks von großem Interesse, sagt sie doch etwas aus über die Kräfte zwischen den Quarks, auf die wir in Folge zu sprechen kommen. Verblüfft waren die Physiker jedoch auch über die Tatsache, dass im Mittel der Impulsanteil der Quarks viel kleiner war als erwartet. Nachdem man viele Details über die Impulsverteilungen der Quarks gemessen hatte, stellte sich heraus, dass die Summe der Impulse nicht etwa, wie erwartet, den Gesamtimpuls des Kernteilchens ergaben, sondern viel weniger, nur etwa 50 %.

Die Quarks tragen also nur ungefähr die Hälfte zum Impuls eines schnell bewegten Kernteilchens bei. Die Frage stellt sich, wie die andere Hälfte des Impulses zustande kommt. Es sollte also neben den Quarks weitere Konstituenten geben, die man jedoch in den Elektron-Nukleon-Experimenten nicht beobachten kann. Da bei diesen Experimenten nur elektrisch geladene Konstituenten beobachtet werden können, müssen diese weiteren Bausteine des Nukleons elektrisch neutral sein. Sie tragen somit zur elektrischen Ladung nicht bei, wohl aber zum Impuls. Es wird sich herausstellen, dass diese neutralen Teilchen oder Quanten etwas mit den ungewöhnlichen Kräften zwischen den Quarks zu tun haben. Sie stellen den Klebstoff, der jeweils drei Quarks zu einem Kernteilchen zusammenfügt, und der Name der Teilchen beschreibt genau diese Eigenschaft: Gluonen, abgeleitet vom Englischen «glue» (Klebstoff).

Wenn wir von den Gluonen einmal absehen, bestehen die Kernteilchen aus zwei verschiedenen Typen von Quarks: u und d. In der englischen Fachliteratur hat sich hierfür die anschauliche Bezeichnung «flavor» eingebürgert, die im Deutschen allerdings wenig Sinn macht. Man spricht also von den «quark flavors» u und d. Diese beiden Quarks bilden die elementaren Bausteine der Atomkerne, wobei die Bezeichnung Baustein einer besonderen Interpretation bedarf. Normalerweise assoziiert man mit dieser Bezeichnung die Vorstellung, dass man ein Kernteilchen auch in seine Bausteine zerlegen kann. Jedoch ist es bis heute nicht gelungen, und wird es wohl auch in Zukunft nicht gelingen, ein Kernteilchen in die Quarks zu zerlegen. Bei der Substruktur der Kernteilchen ist man, wie es scheint, auf einer Stufe der Substruktur der Materie angelangt, auf der unsere an der Alltagswelt orientierten Vorstellungen nicht mehr gültig sind.

Wenn wir das Elektron als Baustein der Atomhülle hinzunehmen, können wir sagen, dass die normale Materie im Universum aus Elektronen, u-Quarks und d-Quarks besteht. Die Teilchenphysik als Physik dieser Bausteine ist also vergleichsweise einfach. Jedoch hat es die Natur so eingerichtet, dass die Teilchenphysik längst nicht bei diesen elementaren Objekten am Ende ist. Die Welt der Teilchen ist weitaus komplexer, als das Studium der Substruktur der normalen Materie erahnen lässt. Jenseits der u- und d-Quarks und des Elektrons liegt eine neue Welt instabiler Teilchen, die nur mit Hilfe von Beschleunigern erschlossen werden kann.

Der erste Schritt in diese neue Welt, in die wir bald vordringen werden, wurde im Jahre 1937 getan, nicht mit Hilfe von Beschleunigern, sondern mit Hilfe eines aus heutiger Sicht antiquierten Teilchennachweisgeräts, einer Nebelkammer, in der man die Spuren elektrisch geladener Teilchen der kosmischen Teilchenstrahlung beobachten kann. Die obere Schicht der Erdatmosphäre wird ständig von schnell bewegten Teilchen bombardiert, die aus den Tiefen des Universums kommen. Meistens handelt es sich hier um Protonen oder leichte Atomkerne wie Deuteronen oder Alphateilchen. Bei den dabei stattfindenden Kollisionen mit den Atomkernen entstehen unter anderem auch kurzlebige Teilchen, die wie die Elektronen elektrisch geladen sind und bereits nach etwa zwei millionstel Sekunden zerfallen, wobei unter anderem auch ein Elektron entsteht. Trotz der kurzen Lebensdauer gelingt es diesen Teilchen oft, bis zur Erdoberfläche zu gelangen, dank der Relativitätstheorie, die besagt, dass der Zeitablauf bei einem schnell bewegten Teilchen im Vergleich zu einem ruhenden Teilchen verlangsamt ist.

Die neuen Teilchen, genannt die μ-Teilchen, besitzen eine Masse von etwa 105,7 MeV, sind also ca. 200-mal so schwer wie ein Elektron. Weitere Experimente, die allerdings erst in den 40er Jahren gemacht wurden, ergaben, dass es sich bei diesen Teilchen um strukturlose geladene Objekte handelt, gewissermaßen um schwere Verwandte der Elektronen. Der einzige Unterschied zum Elektron scheint in der größeren Masse zu liegen und in der Tatsache, dass die neuen Teilchen instabil sind. Für den Aufbau der normalen Materie spielen die μ-Teilchen, heute oft als Myonen bezeichnet, offensichtlich keine Rolle. Im Grunde schien es ein völlig nutzloses Teilchen zu sein, und der bekannte amerikanische Physiker Isidor Rabi stellte seinerzeit die besorgte Frage: Wer hat denn das bestellt? Niemand weiß bis heute eine klare Antwort auf diese Frage. Anscheinend spielen die Myonen aber doch eine Rolle im Konzert der subnuklearen Teilchen, und wir werden in der Folge auf diese Rolle im Detail eingehen.

6. Quantenelektrodynamik

Wenn zwei Körper sich gegenseitig beeinflussen, so bedeutet dies, dass zwischen ihnen ein Kontakt bestehen muss, der allerdings auf verschiedene Weise realisiert werden kann. Meist wirkt zwischen den Körpern eine Kraft, etwa wenn die Erde einen Apfel am Baum anzieht und dieser dann irgendwann vom Baum fällt. Es erweist sich allerdings, dass nicht nur die Erde als massiver Körper eine Kraft auf den Apfel ausübt, die Gravitationskraft, sondern auch der Apfel auf die Erde einwirkt. Es handelt sich um ein reziprokes Phänomen, wie immer, wenn zwischen Körpern Kräfte wirken. Aus diesem Grund spricht man in der Physik oftmals nicht von Kräften, sondern von Wechselwirkungen, im obigen Fall von der Gravitation. Die Gravitation ist nicht die einzige Wechselwirkung, die wir als makroskopische Phänomene in der Natur beobachten, auch wenn sie diejenige ist, die am häufigsten vorkommt. Verschiedentlich kann man im Alltag elektrische Kräfte beobachten, und die Tatsache, dass Körper mit gleicher elektrischer Ladung sich abstoßen, während sie sich bei entgegengesetzten Ladungen anziehen, ist allgemein bekannt. Auch magnetische Kräfte kommen im Alltag häufig vor, etwa wenn sich eine Kompassnadel nach Norden ausrichtet oder im Krankenhaus eine Untersuchung mit Hilfe der Kernspintomographie vorgenommen wird.

Bis zum Beginn des 19. Jahrhunderts unterschieden die Naturwissenschaftler zwischen den elektrischen und magnetischen Wechselwirkungen. Beide galten als unabhängige Phänomene.

Dies änderte sich jedoch, als man herausfand, dass elektrische Ströme oder bewegte Körper, die eine elektrische Ladung tragen, magnetische Kraftwirkungen hervorrufen. Wichtig war auch die Umkehrung dieses Effekts, nämlich die Erzeugung von elektrischen Strömen durch magnetische Kräfte, die sich schnell ändern. Dieser Effekt wird heute bei der Erzeugung von elektrischen Strömen in den Kraftwerken ausgenutzt.

Die beobachteten wechselseitigen Beziehungen zwischen elektrischen und magnetischen Phänomenen gaben Anlass zu der Vermutung, dass die magnetischen und elektrischen Erscheinungen eng miteinander verwandt sein müssen. Eine Klärung des Sachverhalts gelang jedoch erst, als der englische Physiker Michael Faraday einen neuen Begriff in die Physik einführte, den des elektrischen oder magnetischen Feldes. Damit änderte er grundlegend die Sichtweise der Naturwissenschaftler über die Entstehung von Kraftwirkungen. Es war bis dahin üblich, sich die elektrischen, magnetischen oder auch die gravitativen Kräfte als Phänomene vorzustellen, die über eine gewisse Distanz hinweg wirken. So zieht die Erde den Mond an, weil die Erde auf den Mond über eine Distanz von etwa 300 000 km hinweg eine Kraftwirkung ausübt, eine Fernwirkung.

Faraday hingegen stellte sich vor, dass etwa die elektrischen Kräfte Konsequenzen eines Feldes sind, das von dem elektrisch geladenen Körper ausgeht und den umgebenden Raum mit Kraftlinien ausfüllt. Zwei elektrisch geladene Körper ziehen sich an, weil sich im Raum zwischen ihnen ein Feld befindet – er ist gewissermaßen mit Kraftlinien «angefüllt». Elektrische und magnetische Feldlinien beeinflussen sich gegenseitig, und auf diese Weise kann man die wechselseitigen Beziehungen zwischen den elektrischen und magnetischen Erscheinungen verstehen. Allgemein spricht man deshalb vom elektromagnetischen Feld.

Zudem erwies sich im Rahmen der Einsteinschen Relativitätstheorie, dass magnetische und elektrische Felder als eine Einheit betrachtet werden müssen. Ein magnetisches Feld, das von einem sich schnell bewegenden Beobachter untersucht wird, erweist sich gar nicht als ein solches, sondern als eine Mischung von einem magnetischen und einem elektrischen Feld.

Es hat sich in der Folge herausgestellt, dass der Begriff des Feldes einer der wichtigsten physikalischen Begriffe ist, ohne den in der Physik keine quantitative Beschreibung der Naturphänomene möglich wäre. Interessant ist, dass es sich trotzdem um einen abstrakten Begriff handelt, der jedem Laien am Anfang Schwierigkeiten bereitet, weil wir Felder mit unseren Sinnesorganen nicht oder nur sehr indirekt wahrnehmen können. Menschen besitzen zwar ein Sinnesorgan für die Wahrnehmung von Schallwellen, nicht jedoch für elektromagnetische Wellen. Die heutigen Theorien, mit deren Hilfe wir das Verhalten der Elementarteilchen beschreiben, sind ohne Ausnahme Feldtheorien. Heute weiß jeder Physiker oder Ingenieur, dass Felder eine Realität sind. Wie materielle Körper besitzen Felder beispielsweise auch Energie und Impuls.

Die Felder sind nicht ausschließlich an massive Körper gebunden, sondern können auch ein Eigenleben führen. Die Gleichungen für das Verhalten der elektromagnetischen Felder wurden im Jahre 1861 von dem schottischen Physiker James Clerk Maxwell gefunden und wurden nach ihm benannt. Neben den Newtonschen Gesetzen der Mechanik stellen die Maxwellschen Gleichungen die theoretischen Säulen dar, auf denen ein Großteil der modernen Technik beruht. Eine wichtige Folge dieser Gleichungen ist, dass sich zeitliche Änderungen von elektrischen und magnetischen Feldern im Raum mit Lichtgeschwindigkeit ausbreiten. Das ist kein Zufall, denn Licht ist weiter nichts als ein elektromagnetisches Phänomen. Die Lichtwellen sind elektromagnetische Wellen, die wir nur deshalb mit dem Auge wahrnehmen, weil unser Auge auf die entsprechenden Wellenlängen anspricht, jedoch nicht auf andere elektromagnetische Wellen. Die Röntgenstrahlen sind elektromagnetische Wellen mit Wellenlängen, die kürzer sind als die des normalen Lichtes. Radiowellen besitzen größere Wellenlängen, die Kurzwellen etwa im Bereich von einigen 10 Metern.

Wie bereits bei unserer Diskussion der Quanteneigenschaften des Lichtes erwähnt, besitzen elektromagnetische Wellen Quanteneigenschaften. Wenn sich eine elektromagnetische Welle mit Lichtgeschwindigkeit durch den Raum ausbreitet, wird die Energie nicht kontinuierlich übertragen, wie im Rahmen der klassischen Wellentheorie erwartet, sondern in Form von kleinen Energiepaketen, den Photonen. Die Maxwellschen Gleichungen des Elektromagnetismus beschreiben die Dynamik der Photonen, wenn man sie im Sinne der Quantenphysik interpretiert, also die Theorie des Elektromagnetismus mit der Quantenphysik verbindet. Auf diese Weise erhält man die Theorie der Quantenelektrodynamik, meist abgekürzt als QED, die im Verlauf der 30er Jahre des 20. Jahrhunderts entwickelt wurde. Insbesondere Werner Heisenberg und der aus Wien stammende Wolfgang Pauli haben hierzu wichtige Beiträge geliefert, aufbauend auf den Forschungen des englischen Theoretikers Paul Dirac. Von besonderem Interesse ist, dass im Rahmen der Quantenelektrodynamik Quantenmechanik, Feldtheorie und Relativitätstheorie miteinander vereinigt werden.

Im Rahmen der Elektrodynamik findet man insbesondere eine neue und wichtige Interpretation der elektromagnetischen Kräfte. Wir betrachten beispielsweise die Streuung zweier Elektronen aneinander. Die Teilchen bewegen sich frontal aufeinander zu, fliegen aneinander vorbei und bewegen sich anschließend wieder voneinander weg. Da sich beide Teilchen durch die wirkende elektrische Kraft voneinander abstoßen, ändern sich die Bewegungsrichtungen der beiden Teilchen. Sie werden um einen bestimmten Winkel, der von den Details der Bahn abhängt, gestreut. Wie kann man sich diese Streuung in dem theoretischen Bild der Quantenelektrodynamik vorstellen, in dem das elektromagnetische Feld Quanteneigenschaften besitzt und deren Energie durch die Photonenteilchen beschrieben wird?

Ein Elektron ist von einem elektromagnetischen Feld umgeben, das durch Photonen beschrieben wird. Ein schnell bewegtes Elektron kann man sich als ein geladenes massives Objekt vorstellen, das von einer Wolke von Photonen umgeben ist, die sich zusammen mit dem Elektron durch den Raum bewegt. Fliegen zwei Elektronen aneinander vorbei, vermischen sich die beiden Wolken. Da ein Photon keine spezifische Hausnummer trägt, die es einem der beiden Elektronen eindeutig zuordnet, kommt es zu einem Austausch von Photonen. Ein Photon des einen Elektrons findet sich nach der Begegnung als Teil der Wolke des anderen Elektrons, und umgekehrt. Da die Photonen zudem Energie und Impuls tragen, kommt es zu einer Änderung der Impulse und damit der Flugrichtungen der beiden Elektronen, die man als eine Kraftwirkung interpretiert. Im Fall von zwei Elektronen ist dies eine abstoßende Kraft. Betrachtet man die Begegnung eines Elektrons und eines Positrons, kommt es wiederum zu einem Photonenaustausch zwischen den Ladungswolken der beiden Teilchen, der allerdings jetzt eine Anziehung zur Folge hat.

Wichtig ist, dass die Quantenelektrodynamik die Aussage macht, dass die Kraftwirkungen zwischen elektrisch geladenen Teilchen wiederum durch Teilchen vermittelt werden, durch Photonen, also denselben Quanten, die sich in der Natur als die Teilchen des Lichtes manifestieren. Es gibt jedoch einen wichtigen Unterschied zwischen den Lichtteilchen und den Photonen, die die elektromagnetischen Kräfte vermitteln. Die Photonen des Lichtes bezeichnet man auch als freie oder reelle Photonen, weil sie unabhängig und nicht Teil einer Ladungswolke eines geladenen Teilchens sind. Für sie gilt stets, dass die Energie und der Betrag des Impulses, beide in eV gemessen, gleich sind. Ein Photon, das beispielsweise in einer Kernreaktion erzeugt wurde und eine Energie von einem MeV besitzt, hat gleichzeitig einen Impuls, der in eine bestimmte Richtung zeigt und den Betrag von einem MeV hat. Teilchen mit dieser Eigenschaft besitzen keine Masse, denn ein massives Teilchen der Masse M besitzt, wenn es in Ruhe ist, die Energie $E = mc^2$ und keinen Impuls. Die Bedingung der Masselosigkeit «Energie = Impuls» ist also im Ruhezustand nicht erfüllt. Die Photonen, die für den Kräfteübertrag zwischen zwei geladenen Teilchen verantwortlich sind, können als Folge der Unschärferelation jedoch beliebige Energien und Impulse besitzen. Sie werden deshalb als virtuelle Teilchen bezeichnet. Die elektrische Anziehung zwischen zwei entgegengesetzt geladenen Kugeln kommt also durch den Austausch virtueller Photonen zustande.

Die Stärke der Kraftwirkung hängt von der Stärke der Wechselwirkung zwischen den Kraftteilchen, also den Photonen, und den geladenen Teilchen ab. Obwohl die elektrische Anziehung oder Abstoßung über eine gewisse Distanz hinweg wirkt, besteht die eigentliche Wechselwirkung in dem Kontakt zwischen dem Elektron oder Positron und dem Photon. Man spricht in diesem Fall auch von einer lokalen Wechselwirkung, denn der Kontakt zwischen geladenen Teilchen und Photon findet in einem Punkt statt. Im Jahre 1916 bemerkte der deutsche Physiker Arnold Sommerfeld, dass die Stärke der Wechselwirkung zwischen den Photonen und Elektronen durch eine reine Zahl beschrieben wird, die er als die Feinstrukturkonstante α bezeichnete. Der Name besagt, dass diese Zahl eine Aussage über die Feinstruktur der atomaren Energieniveaus macht. In ihr kommt zum Ausdruck, was sich in der Folge durch die Entwicklung der Quantenelektrodynamik offenbarte, nämlich die Zusammenführung von Relativitätstheorie, Quantentheorie und Elektrodynamik, denn α ist durch den Ausdruck e^2/hc gegeben, wobei e die Einheit der elektrischen Ladung bezeichnet. Es kommen also die elektrische Ladung e vor, repräsentativ für die Elektrodynamik, weiter die Konstante h der Quantentheorie und c als die grundlegende Konstante der Relativitätstheorie, die Lichtgeschwindigkeit.

Die Konstante α ist eine reine Zahl, besitzt also keinerlei Dimension wie etwa Meter oder Sekunde. Sie muss experimentell ermittelt werden. Ihr heutiger Wert ist sehr genau bekannt, aber für unsere Zwecke reicht eine Genauigkeit von eins zu einer Million: Man findet $\alpha = 1/137{,}036$. Es handelt sich also um eine kleine Zahl, etwas kleiner als 0,01. Der reziproke Wert von α ist fast eine ganze Zahl, nämlich 137.

Diese Zahl ist die berühmteste Zahl der Naturwissenschaft überhaupt und war seit ihrer Einführung Anlass vieler Spekulationen. Der Grund hierfür ist, dass α die Stärke der elektromagnetischen Wechselwirkung beschreibt und damit von grundlegender Bedeutung für die gesamte Naturwissenschaft und Technik ist. Vieles wäre anders in unserem täglichen Leben, wenn α einen etwas anderen Wert besitzen würde als den beobachteten, denn die Strukturen der Atome oder Moleküle hängen davon ab. Wäre α nur ein wenig kleiner als beobachtet, so würden beispielsweise viele komplexe Moleküle gar nicht als stabile Systeme existieren, was kaum absehbare Folgen etwa für die Biologie haben würde. Es ist klar, dass eine theoretische Berechnung des Wertes von α einen großen Fortschritt im Verständnis der fundamentalen Wechselwirkungen darstellen würde. Viele Physiker nahmen diese Herausforderung an, bis heute ohne großen Erfolg, so dass Richard Feynman am Caltech in Pasadena mir beim Mittagessen einst den Vorschlag machte, jeder theoretische Physiker solle in seinem Büro an die Wandtafel schreiben: *137 – wie wenig wir doch wissen.*

Wie oben erwähnt, handelt es sich bei den elektrischen und magnetischen Kräften um Phänomene, die durch eine lokale Wechselwirkung zwischen den geladenen Teilchen und den Photonen zustande kommen. Wenn sich zwei Elektronen abstoßen, tritt die elektromagnetische Wechselwirkung eigentlich zweimal in Aktion, einmal bei der Aussendung des virtuellen Photons an einem Punkt, den man als Vertex bezeichnet, und das zweite Mal bei der Absorption des Photons an einem anderen Vertex. Vorgänge wie der gerade beschriebene werden in Form von Diagrammen dargestellt, benannt nach Richard Feynman, der solche Diagramme als Erster verwendete. Die beiden elementaren Wechselwirkungen sind durch die Größe der elektrischen Ladungen gekennzeichnet, die durch e gegeben ist. Damit ist die Kraft proportional zu e^2, und dies erklärt, warum in der Konstanten α das Quadrat von e vorkommt. Würde man statt Elektronen etwa die abstoßende Kraft von zwei Alphateilchen betrachten, deren Ladung nicht –e wie beim Elektron ist, sondern +2e, wäre die abstoßende Kraft viermal so groß.

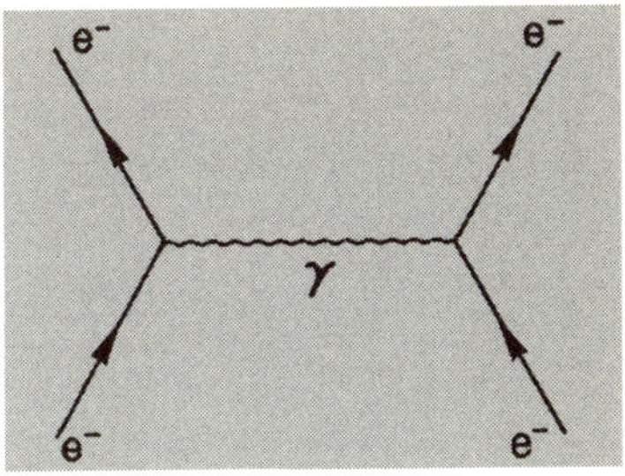

Abb. 6.1: Die Abstoßung zweier Elektronen wird in der Quantenelektrodynamik durch den Austausch eines virtuellen Photons zwischen den beiden Elektronen beschrieben, dargestellt durch ein Feynman-Diagramm. Die lokale Wechselwirkung findet an zwei Punkten statt, den beiden Vertices. Das virtuelle Photon bewegt sich von einem zum anderen Punkt und vermittelt auf diese Weise die wirkende Kraft.

Die Tatsache, dass α eine recht kleine Zahl ist, hat bemerkenswerte Konsequenzen für die Beschreibung der Prozesse der Quantenelektrodynamik. Zum einen bedeutet es, dass die elektromagnetische Wechselwirkung recht schwach ist. Wenn ein Elektron mit Materie in Wechselwirkung tritt, etwa indem es mit einem Atom zusammenstößt, so ist dies meist keine besonders dramatische Angelegenheit. Meist wird das Elektron nur schwach abgelenkt. Nur in etwa einem Prozent der Fälle kommt es zu einer stärkeren Ablenkung, denn diese Wahrscheinlichkeit ist von der Größenordnung von α.

Wegen der Kleinheit von α ist es möglich, Quantenkorrekturen zu den grundlegenden Prozessen der QED zu berechnen, eine Prozedur, die man als Störungstheorie bezeichnet. Es handelt sich dabei um, wie man sagt, Prozesse höherer Ordnung, etwa wenn zwischen zwei Elektronen nicht ein, sondern zwei Photonen ausgetauscht werden. In diesem Fall muss die grundlegende elektromagnetische Wechselwirkung viermal bemüht werden, und die Stärke des Prozesses ist damit proportional zur vierten Potenz von e, also zu α^2. Da α etwa 0,0073 ist, handelt es sich jetzt um einen Effekt, der von der Größenordnung von α^2 ist, also 0,00005. Weitere Quantenkorrekturen sind proportional zur dritten Potenz von α, also 0,0000004 etc. Trotz ihrer Kleinheit kann man solche Quantenkorrekturen auch experimentell bestimmen, und bis heute erhält man eine ausgezeichnete Übereinstimmung zwischen dem Experiment und der Theorie. Sie stimmen bis zu einer Genauigkeit von eins zu einer Milliarde überein. Ohne Übertreibung kann man sagen, dass die QED die bislang erfolgreichste Theorie überhaupt ist. Zudem spielte die QED eine wichtige Rolle als Beispiel und Vorreiter einer erfolgreichen Quantenfeldtheorie. Die heutigen Theorien der Teilchenphysik sind nach dem Vorbild der QED konstruiert worden.

Für die Theorie der QED ist es wichtig, dass man neben den Elektronen und den Photonen auch die Antiteilchen, also die Positronen, mit in die Betrachtung einbezieht. Ohne die Positronen wäre die QED nicht in sich widerspruchsfrei zu formulieren. Die Existenz der Antiteilchen ist für eine erfolgreiche quantentheoretische Beschreibung der elektromagnetischen Wechselwirkungen absolut notwendig. Dies wurde bereits vor der Entdeckung der Positronen im Jahre 1932 erkannt, und zwar von dem englischen Physiker Paul Dirac. Er versuchte gegen Ende der 20er Jahre die Gesetze der neu entwickelten Quantentheorie mit der Relativitätstheorie zu verbinden. Er fand dabei eine Gleichung, die seither nach ihm als Dirac-Gleichung bezeichnet wird und die für die weitere Entwicklung der Quantenelektrodynamik und der Teilchenphysik sehr wichtig war.

Dirac konnte zeigen, dass seine Gleichung Teilchen mit einem Spin $^1/_2$ beschrieb, wie bei den Elektronen beobachtet. Somit war der Spin des Elektrons offenbar eine direkte Folge der Relativitätstheorie und der Quantenmechanik. Weiterhin fand Dirac, dass seine Gleichung nur eine in sich konsistente Beschreibung der Quanteneigenschaften des Elektrons lieferte, wenn man gleichzeitig auch die Existenz eines Antiteilchens mit der entgegengesetzten elektrischen Ladung annahm. Damit war das Positron zumindest als theoretische Konstruktion erschaffen worden. Der experimentelle Hinweis auf die Existenz der Positronen kam unmittelbar darauf – man entdeckte sie in der kosmischen Höhenstrahlung.

Wenn man Prozesse der Quantenelektrodynamik berechnet, muss man stets die Positronen mit berücksichtigen. In der Theorie geht man davon aus, dass die beteiligten Teilchen, also Elektronen, Positronen und Photonen, keine innere Struktur besitzen. Ein Elektron ist danach ein Massenpunkt, der eine elektromagnetische Wechselwirkung besitzt. Ganz so einfach ist jedoch die

Situation nicht, denn die Quantentheorie sagt aus, dass als Folge der Unschärfebeziehungen der leere Raum nicht ganz leer ist, sondern mit virtuellen, d. h. nur bei ganz kleinen Abständen und in kleinen Zeiträumen existierenden Elektron-Positron-Paaren angefüllt ist. Es finden ständig im Vakuum Paarerzeugungs- und Paarvernichtungsreaktionen statt. Aus der Nähe betrachtet, ist das Vakuum keinesfalls das ruhige Gebilde, als das es sich im Rahmen der klassischen Physik erweist. Je kleiner man die Distanzen wählt, bei denen man das Vakuum untersucht, umso heftiger werden die Prozesse der virtuellen Teilchen. Das Vakuum gleicht dann mehr einem brodelnden Hexenkessel als einem völlig leeren Raum. Man kann es auch mit dem Ozean vergleichen. Wenn man in großer Höhe über dem Ozean fliegt, sieht man unter sich eine ebene, anscheinend unendlich große Wasserfläche, eine gute Näherung an den perfekten, leeren, zweidimensionalen Raum. Verliert das Flugzeug an Höhe, ändert sich dies graduell. Erst beobachtet man leichte Kräuselungen der Wasseroberfläche, später stellen sich letztere als beachtliche Wellen heraus, die sich zum Teil sogar überschlagen können. Ebenso der leere Raum, das Vakuum: Bei großen Distanzen ist es tatsächlich der leere, ruhige Raum, den wir makroskopisch mit unseren Sinnesorganen erfassen können. Bei kleinen räumlichen und zeitlichen Abständen stimmt dies in keiner Weise. Ständig werden virtuelle Elektron-Positron-Paare und Photonen erzeugt und kurz darauf wieder vernichtet. Auf mikrophysikalischer Ebene herrscht also ein hektisches Treiben, ein Tanz der virtuellen Teilchen, von dem wir allerdings makroskopisch gesehen nichts bemerken, weil sich die Effekte dann herausmitteln.

Makroskopische Folgen haben die Prozesse der virtuellen Teilchen also nicht, aber sie beeinflussen die Umgebung des Raumes um ein Elektron. Man kann dies folgendermaßen veranschaulichen. Nehmen wir an, wir würden ein Elektron an einen bestimmten Punkt des Raumes bringen. Da es negativ geladen ist, wird es die virtuellen Elektronen in seiner Nachbarschaft abstoßen und die virtuellen Positronen anziehen. Es kommt, wie man sagt, zu einer Polarisation des Vakuums. In der Nähe des Elektrons überwiegen die virtuellen Positronen, was zur Folge hat, dass die elektrische Ladung des Elektrons teilweise durch die Wolke der virtuellen Positronen abgeschirmt wird. Wenn wir also ein Elektron von außen betrachten, sehen wir kein punktförmiges Elektron, sondern das Elektron samt seiner aus virtuellen Teilchen bestehenden Wolke. Man nennt dies ein physikalisches Elektron, im Unterschied zu einem Elektron ohne seine Polarisationswolke, das als nacktes Elektron bezeichnet wird und dessen elektrische Ladung größer als die Ladung des physikalischen Elektrons sein muss.

Nach der Quantentheorie ist also ein punktförmiges Elektron gar nicht so punktförmig. Bei vergleichsweise großen Distanzen sieht es zwar wie ein Punkt aus, wenn man jedoch Distanzen untersucht, die kleiner als etwa ein Hundertstel der Ausdehnung eines Atoms sind, machen sich die Effekte der Vakuumpolarisation bemerkbar, und im Rahmen der Quantenelektrodynamik sind diese Effekte bemerkenswert. Wenn man ausrechnet, wie groß denn die Ladung des nackten Elektrons im Vergleich zur gemessenen Ladung des physikalischen Elektrons sein sollte, findet man ein unsinniges Resultat – sie ist unendlich groß.

Dies ist nicht die einzige unangenehme Überraschung, die im Rahmen der Theorie auftritt. Etwas Ähnliches findet man, wenn man die Masse des Elektrons betrachtet. Entsprechend der Äquivalenz von Energie und Masse wird das elektrische Feld eines Elektrons zur Masse beitragen, denn ein elektrisches Feld bedeutet, dass im Raum eine Energiedichte vorliegt. Eine Berechnung des Massenbeitrags des Feldes liefert wiederum ein unsinniges, unendlich großes Resultat. Dies ist durchaus verständlich, denn im Rahmen der Theorie nimmt man an, dass das Elektron keinerlei innere Struktur besitzt, sondern punktförmig ist. Demzufolge wird das elektrische Feld bei sehr kleinen Distanzen sehr stark, und eine quantitative Betrachtung ergibt, dass der Feldbeitrag zur Masse unendlich groß ist. Die Annahme des unendlich Kleinen bezüglich der inneren Struktur des Elektrons führt also zu unsinnigen Unendlichkeiten.

Es könnte allerdings sein, dass das Elektron eine innere Struktur besitzt, die sich erst bei sehr kleinen Distanzen, sagen wir bei 10^{-18} cm, bemerkbar macht. Dann wäre das Elektron also nicht unendlich klein, sondern hätte einen zwar kleinen, aber endlichen Radius. Man kann sich leicht davon überzeugen, dass dann keine Unendlichkeiten mehr auftreten. Vielmehr tritt der Radius des Elektrons in den Rechnungen auf. Trotz intensiver Bemühungen ist es bis heute nicht gelungen, einen experimentellen Hinweis auf eine Substruktur des Elektrons zu finden. Stattdessen kann man eine Grenze angeben – der innere Radius des Elektrons, falls er nicht null, also unendlich klein ist, muss kleiner als etwa ein Hundertstel der Ausdehnung der Kernteilchen sein.

Die Frage ist berechtigt, ob man bei der Quantenelektrodynamik von einer erfolgreichen Theorie sprechen kann, wenn sie die oben erwähnten unsinnigen Resultate liefert. Die Antwort ist trotzdem positiv. Die unendlich große Ladung des nackten Elektrons ist im Grunde kein Problem, denn das nackte Elektron ist kein physikalisches Teilchen, sondern eine theoretische Konstruktion, ein Produkt unserer Gedankenwelt, das erst ins Spiel kommt, weil man das Elektron auf eine künstliche Art in einen Kern, das nackte Elektron, und die umliegende Hülle, bestehend aus virtuellen Teilchen, aufspaltet. Man kann die Unendlichkeit einfach absorbieren, indem man die Ladung des physikalischen Elektrons an das experimentell gefundene Ergebnis anpasst und die Ladung des nackten Elektrons ignoriert. Ebenso setzt man die Masse des Elektrons gleich seiner gemessenen Masse und ignoriert die Tatsache, dass die Rechnung ein unsinniges Resultat liefert, eine Prozedur, die man als Renormierung bezeichnet.

Man kann zeigen, dass man damit eine logisch konsistente Beschreibung der Prozesse der Quantenelektrodynamik erhalten kann. Die formal auftretenden Unendlichkeiten fallen in den messbaren physikalischen Größen heraus. Als einer der Erfinder dieser Methode, der amerikanische Physiker Richard Feynman, sie auf einer Tagung in den USA vorstellte und nachwies, dass sich die auftretenden Unendlichkeiten tatsächlich aufheben, wenn man sich strikt auf messbare Größen beschränkt, sagte sein skeptischer Kollege Robert Oppenheimer, der während des Zweiten Weltkriegs das amerikanische Atombombenprojekt leitete: «Aus der Tatsache, dass eine Größe unendlich ist, sollte man nicht notwendigerweise schließen, dass sie null ist.» Trotzdem zeigte sich, dass die Ironie in diesen Worten nicht so recht angebracht war, denn zumindest aus heutiger Sicht erwies sich der Pragmatismus, der sich hinter den Ideen der Renormierung verbirgt, als gerechtfertigt.

Wesentlich ist, dass im Rahmen dieses Zugangs zur quantenphysikalischen Beschreibung der Prozesse der Elektrodynamik eine Reihe bemerkenswerter Erfolge erzielt wurden. Bereits kurz nach Aufstellung seiner Gleichung konnte Dirac nachweisen, dass im Rahmen seines Zugangs die Elektronen magnetische Eigenschaften besitzen müssten, die man durch ein bestimmtes magnetisches Moment beschreibt. In der Tat stimmte das von Dirac bestimmte magnetische Moment, das eng mit dem Spin des Elektrons zusammenhängt, mit den experimentellen Resultaten überein. Jahrzehnte danach stellten die Physiker fest, dass es doch eine Abweichung zwischen dem Diracschen Wert des magnetischen Moments und dem Experiment gab, die allerdings recht klein war. Das gemessene Moment war etwa 0,1 % größer als der Diracsche Wert. Dies stellte für die Theorie eine Herausforderung dar, und sie wurde mit Bravour gelöst. Man konnte im Rahmen der QED zeigen, dass die kleine Abweichung ein Effekt der Renormierung war, also ein Effekt der virtuellen Teilchen, die das Elektron umgeben. Bei der Berechnung des magnetischen Moments fallen nämlich die unendlichen Größen heraus, und man erhält als Resultat ein Ergebnis, das so einfach ist, dass wir es hier sogar angeben können. Das magnetische Moment ist um den Betrag $\alpha/2\pi$ größer, was numerisch fast 0,1 % ist. Heute ist das magnetische Moment viel genauer bekannt, und man muss zum theoretischen Verständnis sehr genaue Berechnungen der durch die virtuellen Teilchen verursachten Quantenprozesse durchführen. Jedenfalls ist die Übereinstimmung zwischen Theorie und Experiment frappierend und verdeutlicht, dass die Quantenelektrodynamik tatsächlich eine korrekte theoretische Beschreibung der mikrophysikalischen Prozesse liefert.

Ein anderer Quanteneffekt, den wir hier erwähnen wollen, hat mit der Stärke der elektrischen Ladung zu tun. Wie bereits dargelegt, wird die elektrische Ladung eines Elektrons teilweise durch die Wolke der virtuellen Teilchen abgeschirmt. Wenn man nun dem Elektron einen Teil seiner Ladungswolke entfernt, wird die Abschirmung der Ladung etwas kleiner, und die elektrische Ladung des verbleibenden Teilchens wäre etwas größer als die gemessene Ladung. Dies bedeutet, dass sich der effektive Wert der Feinstrukturkonstanten etwas vergrößert. Eine partielle Entfernung der Ladungswolke ist zwar bei einem physikalischen Elektron nicht direkt möglich, jedenfalls nicht auf Dauer. Jedoch kann man sich hier auf andere Weise behelfen, und zwar, indem man ein Elektron mit einem anderen Elektron oder Positron bei hohen Energien zur Kollision bringt. Hohe Energien bedeuten, dass sich die Teilchen bei der Begegnung sehr nahe kommen, so nahe, dass die Abschirmung durch die Ladungswolken teilweise aufgehoben wird. Bei der Kollision agieren also die Teilchen, als ob für sie der effektive Wert von α etwas größer wäre als der Wert, der etwa in der Atomphysik gemessen wird. Die Experimente wurden insbesondere im letzten Jahrzehnt des 20. Jahrhunderts mit Hilfe von LEP am CERN und von SLC in Stanford durchgeführt. Der gemessene Wert der Konstanten α erwies sich als etwa 7% größer als der eingangs erwähnte Wert und entsprach der theoretischen Erwartung. Wiederum konnte die Übereinstimmung zwischen Theorie und Experiment nicht besser sein.

Die Theorie der QED, einst von Dirac, Heisenberg, Pauli und einer Reihe anderer Theoretiker für eine Beschreibung der atomphysikalischen Phänomene konzipiert, erwies sich als erstaunlich zäh. Selbst bei Energien, die über das Milliardenfache der typischen atomaren Energien hinausgehen, erwiesen sich die Feldgleichungen der QED als zuverlässige theoretische Leitlinien für die Beschreibung der Phänomene. Dies allein hätte genügt, um die Schaffung der QED als eines der intellektuellen Meisterstücke des 20. Jahrhunderts zu würdigen. Tatsächlich ist die Theorie jedoch noch viel mehr, nämlich das Vorbild, nach dem die heutigen Theorien der fundamentalen Teilchen und Felder im Verlauf der zweiten Hälfte des 20. Jahrhunderts geschaffen wurden.

Eine wichtige Eigenschaft der QED sei am Ende erwähnt. Als der deutsche Mathematiker und theoretische Physiker Hermann Weyl die Gleichungen der QED in den 30er Jahren des 20. Jahrhunderts näher anschaute, bemerkte er eine neuartige Symmetrie, die in den Gleichungen automatisch eingebaut war, ohne dass die Schöpfer der Theorie dies von vornherein so eingeplant hatten, und die in der Folge als Eichsymmetrie bezeichnet wurde. Das Quantenfeld, das die Elektronen und Positronen beschreibt, ist ein, wie man sagt, komplexes Feld. Dies bedeutet, dass das Feld an jedem Punkt im Raum durch eine komplexe Zahl beschrieben wird. Eine komplexe Zahl besteht eigentlich aus zwei Zahlen, die man üblicherweise in einer Ebene anordnet, in der komplexen Ebene. Zur Beschreibung der Zahl erweist es sich als besonders günstig, sie durch die Angabe des Abstandes vom Nullpunkt und einen Richtungswinkel, auch Phasenwinkel genannt, festzulegen.

Die Diracsche Gleichung hat die Eigenschaft, dass sie den Phasenwinkel des Elektronfeldes nicht festlegt. Er kann beliebig sein. Man kann ihn beliebig drehen, ohne das sich für die durch das Feld beschriebenen Elektronen etwas ändert. Man nennt dies eine Eichtransformation. Wichtig dabei ist jedoch, dass man dieselbe Drehung an jedem Punkt des Raumes macht. Dreht man den Phasenwinkel des Feldes in Paris um 20°, muss man ihn in Berlin ebenfalls um 20° drehen. Würde man dies nicht tun, oder den Winkel in Berlin um 10° drehen, in New York um 37°, und in Tokio um 73°, hätte man ein Problem. Man kann also globale Umeichungen des Feldes machen, nicht jedoch lokale. Man spricht deshalb von einer globalen Eichsymmetrie, im Gegensatz zu einer lokalen Eichsymmetrie.

Weyl fand diese Eigenschaft mit Recht nicht sehr befriedigend und versuchte, die Gleichungen so abzuändern, dass man an jedem Punkt eine beliebige Drehung durchführen konnte. Bei einem Elektronfeld, das keinerlei Wechselwirkungen unterliegt, ist dies, wie oben erwähnt, nicht möglich, wohl aber dann, wenn das Elektronfeld, wie in der Natur beobachtet, in Wechselwirkung mit einem elektromagnetischen Feld steht. Die Änderungen, die bei unterschiedlichen Drehungen des Phasenwinkels in den Gleichungen auftreten, können dann durch eine Änderung der Beschreibung des elektromagnetischen Feldes, durch eine, wie man sagt, Umeichung des elektromagnetischen Feldes, kompensiert werden. Die beiden Eichprozeduren, also Umeichung des Elektronfeldes durch Drehung der Phasenwinkel und Umeichung des elektromagnetischen Feldes, müssen dabei genau ineinander greifen, wie zwei Zahnräder im Getriebe eines Autos. Nur dann kann eine Kraft übertragen werden, beim Getriebe ebenso wie im Fall des Elektromagnetismus. Es liegt jetzt eine lokale Eichsymmetrie vor. Dieses Ineinandergreifen der beiden Umeichungen ist allerdings nur möglich, wenn die Quanten des elektromagnetischen Feldes, also die Photonen, den Spin 1 besitzen. Dies ist in der Tat der Fall. Hätten die Photonen den Spin 0, also keinen Spin, wäre das Ineinandergreifen nicht möglich.

Damit sind die elektromagnetischen Kräfte eine Konsequenz dieser lokalen Eichsymmetrie. Das wechselwirkende System Elektron-Positron-Photon besitzt also eine besonders hohe Symmetrie. Zudem kann man zeigen, dass die lokale Eichsymmetrie automatisch erzwingt, dass das Photon masselos ist. Die Gleichungen der QED könnte man durchaus so verändern, dass das Photon eine bestimmte Masse hat, nur müsste man dann die lokale Eichsymmetrie aufgeben. Weiterhin hat die Symmetrie zur Folge, dass die elektrische Ladung eine, wie man sagt, streng erhaltene Größe ist. Ladung kann nicht erzeugt oder vernichtet werden. Besitzt ein System eine bestimmte Ladung, so kann man sicher sein, dass sich diese im Lauf der Zeit nicht ändert, sofern es nicht in Kontakt mit anderen Systemen tritt. Ladungserhaltung und lokale Eichsymmetrie sind eng miteinander verwoben.

Die QED ist also eine Theorie der Wechselwirkung von geladenen Teilchen und Photonen, deren Grundlage die lokale Eichsymmetrie ist. Man nennt sie deshalb auch eine Eichtheorie, ein Begriff, der nicht von Weyl selbst geprägt wurde, sondern erst 40 Jahre nach seinen Arbeiten aufkam. Als Weyl die lokale Eichsymmetrie der QED entdeckte, war dies kein Zufall. Weyl folgte einem theoretischen Pfad, der vorher von Albert Einstein begangen worden war. Im Jahre 1916 hatte Einstein seine Theorie der Gravitation, die Allgemeine Relativitätstheorie, publiziert. Auch in dieser Theorie ist es möglich, Eichtransformationen durchzuführen, allerdings von etwas anderer Art als in der QED, und es würde hier zu weit führen, auf die Unterschiede genauer einzugehen. Wie im Fall der QED sind die Eichtransformationen in Einsteins Theorie eng mit den vorliegenden Erhaltungsgesetzen verknüpft, im Fall der Gravitation sind dies die Gesetze der Erhaltung von Energie und Impuls. Wir werden in der Folge sehen, dass die Idee der lokalen Eichsymmetrie weit über den Rahmen der QED hinausgeht und für die Beschreibung der Wechselwirkungen der Elementarteilchen von grundlegender Bedeutung ist.

7. Quantenchromodynamik

Mit Hilfe der hochenergetischen Elektronen des SLAC gelang es Ende der 70er Jahre des 20. Jahrhunderts, eine Art Röntgenbild der Nukleonen zu erhalten. Dieses Bild offenbarte hauptsächlich drei elektrisch geladene strukturlose Objekte im Innern der Kernteilchen, ausgestattet mit den merkwürdigen Ladungen $^2/_3$ und $-^1/_3$. Weitere, ins Detail gehende experimentelle Untersuchungen ergaben, dass es sich bei den Quarks um Objekte mit dem Spin $^1/_2$ handelte. Da der Spin eines Systems sich aus den Spins der Konstituenten zusammensetzt, wenn man mögliche Drehimpulseffekte nicht in Betracht zieht, ergab sich der Spin eines Protons durch die Kombination der Spins der drei Quarks. Dies erhält man, wenn die Spins zweier Quarks zueinander entgegengesetzt sind, während der Spin des dritten Quarks den Spin des Nukleons beschreibt.

Bereits fünf Jahre vor der Entdeckung der Quarks als strukturlose Quanten im Innern der Nukleonen hatte man eine andere merkwürdige Eigenschaft der Quarks festgestellt, und zwar im Rahmen des naiven Quarkmodells von Gell-Mann und Zweig, in dem die Nukleonen als Systeme von drei Quarks interpretiert werden. Bei Streuexperimenten mit Nukleonen hatte man bereits in den 50er Jahren einen angeregten Zustand des Protons entdeckt, der nur sehr kurze Zeit existierte und merkwürdigerweise mit der elektrischen Ladung 2 und dem Spin 3/2 ausgestattet war. Man nannte dieses Objekt mit der Masse von etwa 1230 MeV das Δ^{++}-Teilchen. Im Rahmen des Modells musste es sich bei diesem Objekt um ein Gebilde aus drei u-Quarks handeln, das in der Tat die elektrische Ladung 2 hat. Wenn die Spins der drei Quarks in dieselbe Richtung zeigen, erhält man zudem ein System mit dem Spin 3/2.

Was jedoch bei erster Betrachtung wie ein Triumph des Quarkmodells aussah, erwies sich bald als ein ernstes Problem. Quarks als Objekte mit dem Spin 1/2 sollten ebenso wie alle anderen Objekte oder Teilchen mit dem Spin 1/2 einem Gesetz unterliegen, das Wolfgang Pauli kurz nach Aufstellung der Quantenmechanik fand und das nach ihm als Pauli-Verbot oder Pauli-Prinzip in die Geschichte der Physik einging. Es besagt, dass bei einem zusammengesetzten System der Quantenphysik der betreffende Zustand immer antisymmetrisch beim Vertauschen zweier Objekte sein muss.

Wir wollen dieses Prinzip an einem Beispiel verdeutlichen. Betrachten wir einen Zustand, der aus den beiden Konstituenten A und B besteht, also den Zustand AB. Wenn wir jetzt A und B miteinander vertauschen, erhalten wir den Zustand BA, also einen anderen Zustand. Wären A und B Objekte mit dem Spin 1/2, besagt das Pauli-Prinzip, dass in der Natur weder der erste noch der zweite Zustand vorkommen könne, sondern nur der Zustand (AB–BA). Dieser Zustand ändert sein Vorzeichen beim Vertauschen von A und B, ist also antisymmetrisch. Der Zustand (AB+BA) wäre symmetrisch. Entsprechend dem Pauli-Verbot ist dieser nicht erlaubt, kommt also in der Natur nicht vor. Bei dem Pauli-Verbot handelt es sich um eine subtile Eigenschaft der Quantenphysik, die für die Atomphysik von großer Bedeutung ist.

Wie steht es mit der Anwendung dieses Prinzips auf die Quarks? Das Δ^{++}-Teilchen hat im Modell der Quarks die Struktur (uuu). Die Vertauschung zweier Quarks offenbart das Problem – nichts ändert sich. Mithin ist der Zustand symmetrisch.

Also dürfte er in der Natur überhaupt nicht existieren. Damit ist der Konflikt zwischen dem einfachen Quarkmodell und dem Experiment vorprogrammiert. In der Tat war dieses Problem einer der Gründe, warum das Quarkmodell anfänglich auf große Kritik bei vielen Physikern stieß. Die Lösung des Problems wurde 1971 von Gell-Mann und dem Autor gefunden. Es erwies sich, dass die Quarks neben ihrer elektrischen Ladung und ihrem Spin noch eine weitere Eigenschaft besitzen, gewissermaßen einen neuen Index oder eine neue Ladung. Betrachten wir ein u-Quark. Es besitzt die elektrische Ladung $^2/_3$ und den Spin $^1/_2$. Die neue Ladung gibt an, dass sich das u-Quark in drei verschiedenen Formen zeigen kann, die man mit einem Index wie 1,2 oder 3 beschreiben könnte, oder mit a, b oder c. Da es sich um genau drei Indices handelt und die Zahl 3 eine besondere Bedeutung in der Farbenlehre besitzt, denn alle Farben lassen sich aus den drei Grundfarben rot, grün und blau zusammensetzen, nennt man den zusätzlichen Index den Farbindex oder die Farbquantenzahl. Mit wirklichen Farben hat dies natürlich nichts zu tun. Es handelt sich vielmehr um eine allegorische Umschreibung einer neuen Quantenzahl, die offenbar für die Quarks eine wichtige Rolle spielt.

Mit Hilfe der neuen Quantenzahl gibt es ganz neue Möglichkeiten, einen Zustand aus drei u-Quarks aufzubauen. So könnte man etwa schreiben: $(u_r u_r u_r)$. Dies wäre ein Zustand aus drei roten u-Quarks. Wieder haben wir ein Problem mit dem Pauli-Prinzip, denn der Zustand ist wiederum symmetrisch bezüglich des Vertauschens zweier Quarks. Es gibt nur einen Zustand, der antisymmetrisch ist, und zwar den Zustand $(u_r u_g u_b - u_g u_r u_b + \ldots)$. Durch Vertauschen von jeweils zwei Quarks, wobei das Vorzeichen geändert wird, kann man insgesamt sechs Kombinationen angeben. In der Tat ist das Resultat antisymmetrisch bezüglich des Vertauschens zweier Quarks. Wie man sieht, hat der oben angeführte Zustand die Eigenschaft, dass alle drei Farben vorkommen, keine Farbe ist benachteiligt oder begünstigt.

Die Einführung der Farbquantenzahl erlaubt es also, dem Pauli-Prinzip seine Referenz zu erweisen. Wie im Fall der QED und der Atomphysik ist das Pauli-Prinzip Herrscher über Sein oder Nichtsein eines möglichen Zustands. Sicher kann man den oben erwähnten Zustand aus drei roten Quarks in Betracht ziehen, aber das Pauli-Prinzip fällt hier das Urteil: Nein. Im anderen Fall, bei dem alle drei farbigen Quarks präsent sind, sagt das Prinzip: Ja.

Nehmen wir einmal an, wir würden die Farben r, g und b miteinander vertauschen, etwa durch die Vorschrift r → g, g → b, b → r. Man sieht leicht, dass sich dabei an dem oben angegebenen Zustand gar nichts ändert. Er ist, wie man sagt, invariant bezüglich solcher Transformationen. Diese Rotation der Farben beschreibt eine Symmetrie, die eine gewisse Ähnlichkeit mit der Phasenrotation in der QED hat. Im Jahre 1972 wurde von Gell-Mann und dem Autor vorgeschlagen, die Farbsymmetrie in ähnlicher Weise zu verwenden wie die Phasensymmetrie in der QED. Das Resultat ist wiederum eine Eichtheorie, die in Anlehnung an die Quantenelektrodynamik (QED) als Quantenchromodynamik (QCD) bezeichnet wird und von Gell-Mann und dem Autor 1972 vorgeschlagen wurde. Es hat sich im Verlauf der 70er und 80er Jahre herausgestellt, dass die QCD in der Lage ist, die Dynamik der Quarks im Innern der Kernteilchen hervorragend zu beschreiben.

Bevor wir mehr ins Detail gehen, sei hier schon ein wesentlicher Unterschied zwischen der QED und der QCD herausgestellt, der mit der Struktur der zugrunde liegenden Symmetrien zu tun hat. Die Eichsymmetrie der QED ist im Grunde sehr einfach. Es handelt sich um die Symmetrie von Phasenrotationen. Einmal wird um 30° rotiert, dann 10° zurück, wieder 37° vorwärts etc. Eine Rotation kann immer durch die Angabe einer Zahl, eines Parameters, beschrieben werden, und zwar des betreffenden Winkels. Führt man zwei Rotationen nacheinander aus, beispielsweise um 10°, dann um 30°, erhält man insgesamt 40°. Dreht man erst um 30°, dann um 10°, ist man wiederum bei 40° angelangt. Das Resultat hängt nicht von der Reihenfolge der beiden Transformationen ab. Mathematiker beschreiben eine solche Symmetrie als eine abelsche Symmetrie, benannt nach dem norwegischen Mathematiker des 19. Jahrhunderts, Niels Henrik Abel, dem die seltene Ehre zuteil wurde, dass sein

Name zur Schaffung eines neuen Adjektivs in der mathematischen Fachsprache führte.

Die Symmetrie der Farben ist nicht so einfach. Man kann dies an einem Beispiel aus der Geometrie veranschaulichen. Drehungen in einer Ebene, also einem zweidimensionalen Raum, sind ein Beispiel einer abelschen Symmetrie. Führen wir eine weitere Dimension ein, so dass wir einen dreidimensionalen Raum erhalten, können wir die Symmetrie auf Drehungen in einem dreidimensionalen Raum erweitern. Hier gibt es drei verschiedene Drehungen, die voneinander unabhängig sind, nämlich die Drehungen um die x-Achse, die y-Achse und die z-Achse. Aus diesem Grund wird eine beliebige Drehung im Raum durch drei Parameter beschrieben. Die Drehungen kann man beliebig miteinander kombinieren. Beispielsweise können wir eine Drehung um die x-Achse um 10° durchführen, danach eine um die neue y-Achse um 20° – oder zuerst eine Drehung um die x-Achse mit 20°, dann um die neue y-Achse um 10°. In beiden Fällen erhalten wir eine Drehung des dreidimensionalen Raumes. Jedoch erweist es sich, wie man auch leicht durch ein Experiment oder durch eine kleine Rechnung nachprüfen kann, dass die beiden Resultate nicht identisch sind, sondern sich durch eine Drehung um die z-Achse unterscheiden.

Es kommt also auf die Reihenfolge der einzelnen Drehungen an. Eine solche Symmetrie nennt man eine nichtabelsche Symmetrie. Eine Eichtheorie, die auf einer nichtabelschen Symmetrie beruht, nennt man deswegen nichtabelsche Eichtheorie. Solche Theorien wurden zuerst in den 50er Jahren untersucht, und zwar von den amerikanischen Theoretikern C. N. Yang und R. Mills. Erste Ideen zur Konstruktion solcher Theorien wurden bereits mehr als zehn Jahre vorher von Hermann Weyl in den USA, Oskar Klein in Schweden und Wolfgang Pauli in Deutschland beigesteuert.

Auch bei den Farben hat man es mit einer solchen zu tun. Im Vergleich zu den Drehungen im Raum sind die Drehungen im Farbraum allerdings komplizierter. Da die Quarks ebenso wie die Elektronen in der QED durch komplexe Felder beschrieben werden, ist die Farbsymmetrie eine Symmetrie, die man erhält, wenn man die drei Achsen x, y und z durch komplexe Achsen ersetzt. In der mathematischen Fachsprache bezeichnet man eine solche Symmetrie als eine SU(3)-Symmetrie. Das klingt komplizierter, als es in Wirklichkeit ist, jedoch ist die Anzahl der verschiedenen Transformationen, die man braucht, um eine beliebige Transformation im Farbraum der Quarks zu bewerkstelligen, schon beträchtlich, nämlich 8. Mithin benötigt man 8 Parameter, um eine beliebige Transformation im Farbraum zu beschreiben, fünf mehr als im Fall der Drehungen im normalen dreidimensionalen Raum. Die QED könnte man dann als eine Theorie interpretieren, bei der die Anzahl der Farben gleich eins ist. Nur redet man hier nicht von Farbe, sondern von der elektrischen Ladung.

Ein Laie kann durchaus verstehen, warum die Zahl 8 im Fall der QCD zu Ehren kommt. Da es drei Farben gibt, kann man eine Transformation durch die Angabe Farbe → Farbe charakterisieren, also r → r, r → g, r → b, g → r, g → g, g → b, b → r, b → g, b → b. Das sind neun Möglichkeiten, wobei ausdrücklich der Fall, dass eine Farbe dieselbe bleibt, mitgezählt werden muss, wie auch bei der QED, bei der es nur diese eine Möglichkeit gibt. Darunter ist jedoch eine, nämlich die, bei der alle drei Farben gleich bleiben, die nicht mitgezählt werden sollte. Damit verbleiben 9–1, also 8 Möglichkeiten. Wäre die Anzahl der Farben nicht drei, sondern zwei, hätte man 4–1, also 3 Möglichkeiten, also genauso viel wie bei den normalen Drehungen im Raum.

Wenn man die Farbsymmetrie als Eichsymmetrie zulässt und fordert, dass die entsprechenden Feldgleichungen diese Symmetrie respektieren, erhält man ganz analog wie in der QED eine Wechselwirkung der Quarks mit Quanten, deren Rolle analog zu den Photonen in der QED ist. Wir werden bald sehen, dass diese Quanten verantwortlich für die starken Kräfte zwischen den Quarks sind und für die Bindung der Quarks innerhalb der Kernteilchen sorgen. Sie erhielten deshalb den etwas prosaischen Namen «Gluonen», abgeleitet vom englischen «glue» (Klebstoff). Die Photonen vermitteln eine Kraft, die elektromagnetische Kraft, die auf die elektrische Ladung wirkt. Analog vermitteln die Gluonen eine Kraft, die auf die Farbladung der Quarks wirkt. Es liegt in der Natur der Eichtheorie im Farbraum, dass diese Wechselwirkung anders ist als in der QED. Erste Hinweise auf die Existenz der Gluonen wurden Ende der 70er Jahre des 20. Jahrhunderts am Hamburger Forschungszentrum DESY gefunden.

Allgemein hat eine nichtabelsche Eichtheorie eine Struktur, die von der Struktur der abelschen Eichtheorie, also der QED, erheblich abweicht. Insbesondere ist die Kopplung der Gluonen an die Quarks anders als die Kopplung der Photonen an die Elektronen. Wenn ein Elektron mit einem Photon eine Wechselwirkung eingeht, ändert sich im Verlauf der Wechselwirkung zwar der Zustand des Elektrons, insbesondere sein Impuls, jedoch bleibt es ein Elektron. Tritt jedoch ein Quark in Wechselwirkung mit einem Gluon, kann sich der Farbzustand des Quarks ändern. Beispielsweise kann ein rotes Quark in ein grünes verwandelt werden. Diese Wechselwirkungen sind durch die Transformationen im Farbraum, die wir oben erwähnten, gegeben. Da es acht verschiedene Transformationen gibt, benötigt man insgesamt acht verschiedene Gluonen. Diese Gluonen können durch ihre Farbtransporteigenschaften charakterisiert werden. Es gibt ein rot→grün-Gluon oder ein grün→blau-Gluon etc.

Wir wollen die vorhandenen Analogien zwischen QED und QCD benutzen, um eine kleines Wörterbuch anzugeben, das die Begriffe der beiden Theorien verknüpft.

QED	QCD
Elektron, Myon	Quarks
Elektrische Ladung	Farbladungen
Photon	Gluonen
Atom	Nukleon

Wie bereits erwähnt, besteht ein wichtiger Unterschied zwischen der QED und der QCD in der Anzahl der Quanten für die Kraftübermittlung: ein Photon in der QED, acht Gluonen in der QCD. Bei der elektromagnetischen Wechselwirkung ändert sich die elektrische Ladung des betreffenden Teilchens nicht, jedoch kann sich die Farbe eines Quarks bei der Wechselwirkung mit einem Gluon ändern. Doch es gibt noch einen anderen wichtigen Unterschied. Die Photonen sind elektrisch neutral, d. h., sie können mit sich selbst keine elektromagnetische Wechselwirkung eingehen, eine Eigenschaft, die von großer Bedeutung für die Natur und die Technik ist. So fliegen etwa die Myriaden von Photonen in einem Laserstrahl alle nebeneinander mit Lichtgeschwindigkeit durch den Raum, ohne sich gegenseitig zu beeinflussen. Gluonen könnten dies nicht, es erweist sich, dass die Gluonen nicht nur mit den Quarks, sondern auch mit sich selbst eine Wechselwirkung eingehen können. Die Gluonen tragen wie die Quarks eine Farbladung, was man schon daran erkennen kann, dass die acht verschiedenen Gluonen sich durch ihre Farbeigenschaften unterscheiden können. Ein Gluon, das ein rotes Quark in ein blaues Quark verwandelt, ist anders als dasjenige Gluon, das das rote Quark in ein grünes verwandelt.

Dass die Gluonen selbst Farbe tragen, also im Sinne der Farbsymmetrie geladen sind, hat geradezu dramatische Konsequenzen, wenn man die Dynamik der Quarks und Gluonen näher betrachtet. Insbesondere wird die Vakuumpolarisation beeinflusst. Das Vakuum ist nach den theoretischen Vorgaben der QCD angefüllt mit virtuellen Quarks, Antiquarks und Gluonen. Falls wir die Umgebung eines Quarks betrachteten, würde diese durch die chromodynamische Wechselwirkung verändert. Es findet wie in der Elektrodynamik eine Polarisation des Vakuums statt. Wegen seiner Farbladung vertreibt das Quark die virtuellen Quarks aus seiner Umgebung, während die Antiquarks angezogen werden. Durch diesen Effekt passiert also etwas Ähnliches wie in der Elektrodynamik: die effektive Farbladung des Quarks wird teilweise abgeschirmt. Da jedoch auch die Gluonen eine Farbladung tragen, wird auch der See der virtuellen Gluonen um das Quark herum polarisiert. In der QED passiert dies nicht. Obwohl ein Elektron sehr wohl von virtuellen Photonen umgeben ist, werden diese nicht durch die elektrische Ladung des Elektrons beeinflusst, da Photonen keine Ladung tragen.

Als man zu Beginn der 70er Jahre die Effekte der Vakuumpolarisation bei den nichtabelschen Eichtheorien näher untersuchte, ging man zunächst davon aus, dass die Effekte hier ähnlich wie in der QED sind und letztlich eine Abschirmung der Ladungen stattfindet. Umso größer war die Überraschung, als man herausfand, dass der Effekt qualitativ verschieden ist. Erste Rechnungen wurden von russischen Theoretikern und von dem niederländischen Physiker G. 't Hooft durchgeführt. Speziell im Hinblick auf die QCD berechneten im Jahre 1973 D. Gross und F. Wilczek wie auch D. Politzer in den USA die Vakuumpolarisationseffekte. Es stellte sich heraus, dass sich die virtuellen Gluonen an ein Quark regelrecht anlagern und damit eine Verstärkung der Farbladung bei größeren Abständen bewirken. Dies wirkt sich unmittelbar auf die Stärke der Wechselwirkung aus, die man in der QCD analog zur QED durch eine Konstante beschreibt, dem Analogon zur Feinstrukturkonstante α. Sie wird allgemein als α_s bezeichnet.

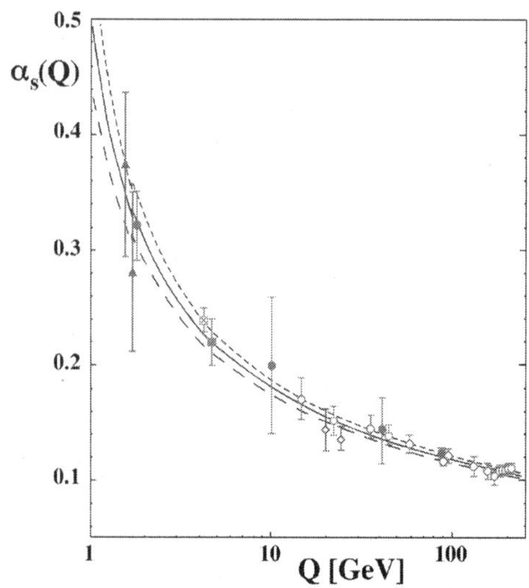

Abb. 7.1: Das Verhalten der chromodynamischen Kopplungskonstante als Funktion der Energie

Wie bereits erwähnt, wird die elektromagnetische Feinstrukturkonstante bei sehr kleinen Distanzen größer. In der QCD ist es genau umgekehrt. Durch den Beitrag der Gluonen zu der Polarisation des Vakuums nimmt die QCD-Konstante α_s bei kleinen Distanzen ab. Diese Aussage ist eigentlich ein Widerspruch in sich, da α_s keine Konstante ist, sondern von der Distanz oder der entsprechenden Energie abhängt. Trotzdem spricht man gelegentlich von der Wechselwirkungskonstante, da bei gegebener Distanz α_s immer denselben Wert annimmt, unabhängig davon, in welchem Experiment man die Wechselwirkung misst. In der Tat wurde α_s in vielen Experimenten gemessen, etwa in Elektron-Proton-Reaktionen, oder in der Elektron-Positron-Vernichtung. Als Beispiel sei hier der Wert von α_s bei einer Energie von etwa 90 GeV angegeben. Man erhält hier $\alpha_s = 0{,}12$. Die QCD-Wechselwirkung ist bei dieser Energie also etwas stärker als die QED-Wechselwirkung. Trotzdem ist α_s noch klein gegenüber 1, so dass es gelingt, mit Methoden wie in der QED, also im Rahmen der Störungstheorie, die Prozesse der Quark-Gluon-Wechselwirkungen zu berechnen.

Bei kleiner Energie ist α_s jedoch größer. Die Wechselwirkung wird in der Tat bei fallender Energie, also bei größerer Distanz, immer stärker, so dass schließlich die Störungstheorie nicht mehr anwendbar ist. Bei wachsender Distanz nimmt die virtuelle Gluonenwolke um das Quark immer mehr zu, was bedeutet, dass die Energiedichte der virtuellen Teilchen immer beachtlicher wird. Diese Energiedichte, summiert über den gesamten Raum, würde beispielsweise die Masse eines Quarks beschreiben. Die Rechnungen ergeben jedoch, dass die Masse eines Quarks unendlich groß wird, die Angabe einer Masse also keinen Sinn macht. Damit ergibt sich in der QCD, dass die Quarks nicht als freie physikalische Teilchen auftreten können. Sie sind permanent innerhalb der Nukleonen gebunden. Trotzdem macht es Sinn, von den Quarkmassen zu sprechen. Sie sind Parameter, die ebenso wie α_s von der betrachteten Distanz abhängig sind.

Instruktiv ist es, sich die Wechselwirkung zwischen einem Quark und seinem Antiquark vorzustellen. Bei kleinen Distanzen, wobei klein im Vergleich zur charakteristischen Skala der starken Wechselwirkung von etwa 10^{-13} cm gemeint ist, verhält sich die Kraft wie die entsprechende elektrische Kraft, die bei wachsender Entfernung mit dem Quadrat des Abstandes abfällt. Man kann die chromodynamische Kraft in ähnlicher Weise wie die elektrische Kraft durch Feldlinien beschreiben. Wenn der Abstand jedoch größer als 10^{-13} cm wird, ändert sich die Situation. Da die Gluonen mit sich selbst wechselwirken, wirkt zwischen den chromodynamischen Feldlinien eine Kraft, mit dem Effekt, dass die Feldlinien sich einander anziehen.

Man kann diesen Effekt mit einem ähnlichen Fall in der Elektrodynamik vergleichen. Zwei parallel laufende Drähte, in denen elektrischer Strom in derselben Richtung fließt, ziehen sich gegenseitig an. Diese Kraft wird durch das Magnetfeld, das beide Drähte umgibt, hervorgerufen. In der QCD treten Kraftwirkungen zwischen den gluonischen Feldlinien als Folge der Wechselwirkungen der Gluonen untereinander auf.

Wenn man die Quarks sehr weit voneinander entfernt, ergibt sich ein Feldlinienbild, das ganz anders als in der Elektrodynamik aussieht. Die Feldlinien, die von einem der beiden Quarks ausgehen, fließen zwar zum anderen Quark, jedoch fast parallel zueinander, so dass sich ein Schlauch von Feldlinien ergibt, ähnlich den elektrischen Feldlinien zwischen den beiden Platten eines Plattenkondensators. Auch die zwischen den Quarks wirkende Kraft ist ähnlich der Kraft zwischen den Platten eines Kondensators. Sie ist konstant, unabhängig vom Abstand. Während die zwischen einem Quark und einem Antiquark wirkende elektrische Kraft mit wachsendem Abstand abfällt, bleibt die chromodynamische Kraft konstant. Damit ist klar, dass es nicht möglich ist, die Quarks voneinander zu trennen.

Andererseits wird die zwischen den Quarks wirkende Kraft bei sehr kleinen Abständen sehr schwach. Dies erklärt, dass sich die Quarks wie strukturlose, ungebundene Objekte in der Elektronenstreuung verhalten, denn bei diesen Experimenten dringt das Elektron, das von den gluonischen QCD-Kräften nicht beeinflusst wird, tief in das Proton ein und tritt nur mit einem der Quarks in Wechselwirkung, wobei die Wechselwirkungszeit sehr kurz ist, so dass sich die gluonische Wechselwirkung nur wenig bemerkbar machen kann.

Ein Vergleich mit einem Beispiel aus dem Alltag ist hier angebracht. Wir betrachten drei farbige Kugeln, die eine rot, die andere grün, die dritte blau, die sich ein einer hohlen Glaskugel befinden und sich dort schnell bewegen, wobei sie ständig an der Wand reflektiert werden. Die mittlere Zeit zwischen zwei Stößen mit der Wand sei nur etwa eine hundertstel Sekunde. Wenn wir ein Foto von der Kugel machen und die Belichtungszeit relativ lang wählen, z. B. 1/5 einer Sekunde, werden wir von den Kugeln nichts sehen. Stattdessen sieht man ein stark verwaschenes Bild, wobei sich die Farben der Kugeln überlagern, so dass man im Mittel weiß erhält. Wählen wir jedoch als Belichtungszeit nur ein Tausendstel einer Sekunde, sieht man jede der drei Kugeln mit den jeweiligen Farben sehr genau.

Ganz ähnlich verhält es sich in der Teilchenphysik mit den Quarks. Bei hochenergetischen Streuexperimenten mit Elektronen sieht man die drei Quarks sehr genau, weil die entsprechende Belichtungszeit, gegeben durch die Dauer des Kollision, sehr kurz ist. Benutzt man jedoch Elektronen mit kleiner Energie, so dass die Kollisionszeit groß ist, sieht man nichts oder nur sehr wenig von den Quarks. Bei kurzer Belichtung erscheinen also die Quarks als freie Teilchen, bei langer Belichtung als stark gebundene Objekte. Die Physiker bezeichnen das Abfallen der gluonischen Kräfte bei kleinen räumlichen oder zeitlichen Abständen als asymptotische Freiheit. Eine Folge dieses Phänomens ist, dass die Wechselwirkungskonstante α_s bei kleineren Abständen oder wachsender Energieskala kleiner wird, so dass es möglich ist, die Methoden der Störungstheorie ähnlich wie in der QED anzuwenden. Dies gilt jedoch nur für Prozesse, an denen die Quarks und Gluonen beteiligt sind, nicht für Situationen, bei denen die starke Bindung der Quarks eine Rolle spielt.

Interessant ist der Beitrag der QCD zum heutigen Verständnis der starken Kernkräfte im Innern der Atomkerne. Letztere bestehen aus Kernteilchen, diese wiederum aus den Quarks. Der Ausgangspunkt der Teilchenphysik am Anfang ihrer Entwicklung war der Wunsch der Physiker nach einem besseren Verständnis der Kernkräfte. Welche Kräfte sind beispielsweise verantwortlich dafür, dass sich sechs Protonen und sechs Neutronen zusammenfinden, um einen besonders stabilen Atomkern, den des Kohlenstoffs, zu bilden? Aus heutiger Sicht kann man sagen, dass diese Kräfte in keiner Weise fundamentale Kräfte sind, sondern lediglich indirekte Konsequenzen der gluonischen Kräfte zwischen den Quarks im Innern der Kernteilchen, vergleichbar etwa mit den Kräften zwischen elektrisch neutralen Atomen, die für die Bildung der Moleküle verantwortlich sind. Letztere sind indirekte Konsequenzen der elektrischen Kräfte innerhalb der Atome.

Am Ende dieser Ausführungen über die QCD wollen wir der Frage nachgehen, welche Aussagen die QCD über die Struktur der in der Natur vorkommenden, aus Quarks bestehenden Objekte macht. Die Quarks selbst kommen ebenso wie die Gluonen nicht als freie Teilchen vor, da sie Farbe tragen. Da es genau drei Farben gibt, sind die Quarks, wie man sagt, Farbtripletts. Da alle drei Farben gleichberechtigt sind und sie miteinander vertauscht werden können, spricht man von einer Farbsymmetrie, die in der Mathematik durch eine Gruppe beschrieben wird, im vorliegenden Fall durch die Gruppe SU(3).

Wir haben oben argumentiert, dass die farbigen Quarks nicht als freie Teilchen existieren können. Dies gilt in der QCD nicht nur für die Quarks, sondern für alle farbigen Objekte, beispielsweise für die acht Gluonen, die man als Farboktett interpretiert. Die einzigen Objekte, die als freie Teilchen auftreten können, sind diejenigen, die nach außen keine Farbeigenschaften tragen. In der Sprache der Mathematik sind dies die Farbsinguletts, bei denen sich die Farben der verschiedenen Bausteine gegenseitig aufheben. In der QED ist dieser Effekt wohlbekannt. Die Atome sind Objekte, die aus elektrisch geladenen Bausteinen bestehen, dem Kern und den Elektronen in der Hülle. Sie sind jedoch selbst elektrisch neutral, und man könnte sie als Ladungssinguletts bezeichnen.

Die einfachsten Farbsinguletts, die man mit Hilfe der farbigen Quarks bilden kann, sind allerdings Objekte, die wir bislang noch nicht betrachtet haben. Ein Quark und ein Antiquark bilden zusammen ein Farbsingulett, weil die Farbe des Quarks durch die des Antiquarks genau aufgehoben wird. Diese Objekte, bestehend zur Hälfte aus Materie und zur Hälfte aus Antimaterie, gibt es in der Natur als instabile Teilchen, die bei Teilchenprozessen erzeugt werden und kurz darauf wieder zerfallen. Sie werden als Mesonen bezeichnet. Das erste Meson wurde im Jahre 1947 bei der Untersuchung der kosmischen Teilchenstrahlung entdeckt. Es handelte sich um elektrisch geladene Teilchen ohne Spin, deren Masse etwa 207-mal so groß war wie die Masse des Elektrons, also etwa 140 MeV. Damit waren diese Teilchen, genannt die π-Mesonen, wesentlich leichter als die Protonen. Auf der Massenskala sind sie sozusagen in der Mitte angesiedelt – deshalb der Ausdruck Mesonen, was soviel wie Teilchen der Mitte bedeutet. Entsprechend werden die Nukleonen und darüber hinaus alle aus drei Quarks bestehenden Objekte als Baryonen bezeichnet.

Auch aus den Quarks können wir farbneutrale Objekte, also Farbsinguletts, aufbauen. Der oben erwähnte Zustand aus drei u-Quarks hatte die Struktur ($u_r u_g u_b - u_g u_r u_b + \ldots$) und erfüllte die Antisymmetrie-Bedingung, die aus dem Pauli-Prinzip folgt. Wie man sieht, hat er zugleich die Eigenschaft, dass alle drei Farben völlig gleichberechtigt auftreten. Auch bezüglich des Vertauschens zweier Farben ist dieser Zustand antisymmetrisch. Dies bedeutet aus der Sicht des Mathematikers, dass es sich um ein Farbsingulett handelt. Die Dreiheit der Farben erlaubt es also, aus drei Quarks ein farbneutrales Objekt aufzubauen. In der Elektrodynamik, die man als Eichtheorie mit einer Farbe, der elektrischen Ladung, interpretieren kann, wäre dies nicht möglich. Neutrale Zustände, etwa die Atome, kann man in der Elektrodynamik nur konstruieren, indem man jede positive elektrische Ladung mit der entsprechenden negativen Ladung kompensiert. Damit besitzt die QCD eine viel reichere dynamische Struktur mit vielen interessanten Eigenschaften, denen wir uns im Folgenden zuwenden werden.

8. Mesonen, Baryonen und Quarks

Am Ende der 50er Jahre des 20. Jahrhunderts ähnelte die Physik der Elementarteilchen einem Zoo, angefüllt von Dutzenden von neuen Teilchen, die man bei Teilchenkollisionen entdeckt hatte. Schließlich gelang es, Ordnung in das Chaos zu bringen. Man fand, dass man sowohl die Kernteilchen als auch die neu entdeckten Teilchen auf einfache Weise beschreiben konnte, indem man sich vorstellte, dass sie aus drei Bausteinen aufgebaut waren, den Quarks. Wie wir gesehen haben, benötigt man zwei verschiedene Quarks, die u- und d-Quarks, für den Aufbau von Proton und Neutron. Das Proton besteht dabei aus zwei u-Quarks und einem d-Quark: p = (uud). Auch bei dieser Dreierkonfiguration handelt es sich um ein Farbsingulett, d. h., eigentlich sollten wir schreiben: $p \sim (u_r u_g d_b - u_g u_r d_b + \ldots)$. Wie ein Chamäleon springt das Proton ständig von einer Farbkombination in die andere. Zu einem Drittel ist das d-Quark im Proton rot, zu einem Drittel grün und zu einem Drittel blau. Im Mittel heben sich jedoch die Farben auf, so dass das Proton nach außen hin wie ein weißer, also ein farbneutraler Zustand wirkt.

Das Proton besitzt den Spin 1/2, die Quarks ebenso. Der Spin des Protons baut sich auf den Spins der Quarks auf. Da der Spin eine gerichtete Größe ist, kann man den Protonenspin nur aufbauen, indem zwei der Spins der Quarks in die entgegengesetzte Richtung zeigen, sich also gegenseitig aufheben, während der Spin des dritten Quarks den Protonenspin 1/2 ergibt.

Beim Neutron vertauschen sich die Rollen von u und d: n = (ddu). Diese Vertauschung ist Teil einer größeren Symmetrie, die bereits kurz nach der Entdeckung des Neutrons in den 30er Jahren des 20. Jahrhunderts von Heisenberg eingeführt wurde und als Isospin bezeichnet wird, in Analogie zum Spin. Es handelt sich hier um das erste Beispiel einer inneren Symmetrie, die sich dadurch auszeichnet, dass bei einer Symmetrieoperation keine äußeren, also geometrischen Eigenschaften eine Rolle spielen, sondern nur innere Eigenschaften, also die Substruktur der Nukleonen. Im Rahmen der QCD ergibt sich die Isospin-Symmetrie ganz automatisch, da die beiden Quarks mit den Gluonen über ihre Farbeigenschaften eine starke Wechselwirkung eingehen, sich also bezüglich ihrer Wechselwirkung überhaupt nicht unterscheiden. Der Unterschied zwischen den u- und d-Quarks wird lediglich durch die elektromagnetische Wechselwirkung und durch die Massen der Quarks erzeugt. Sie bilden, wie man sagt, ein Isospin-Duplett. Die QCD gibt damit eine sehr einfache Erklärung für die Präsenz der Isospin-Symmetrie in der Natur.

Auch für die bereits erwähnten π-Mesonen macht die Isospin-Symmetrie eine Aussage. Die elektrisch geladenen π-Mesonen haben eine sehr einfache Substruktur – sie bestehen entweder aus $\bar{u}d$ (negative Ladung: π^-) oder $\bar{d}u$ (positive Ladung: π^+). Das positiv geladene Teilchen ist das Antiteilchen des negativ geladenen, und umgekehrt. Die Symmetrie fordert jedoch, dass es neben diesen beiden elektrisch geladenen Teilchen auch ein neutrales gibt, das angenähert dieselbe Masse besitzt, so dass man eine Dreierfamilie von Mesonen erhält, Triplett genannt. Dieses Teilchen wurde kurz nach der Entdeckung der geladenen Mesonen gefunden. Es besitzt wie die geladenen Mesonen eine Masse von etwa 140 MeV.

Die Substruktur des neutralen Mesons, π^0 genannt, ist jedoch etwas komplexer. Naiv würde man denken, dass man aus den beiden Quarks eigentlich zwei neutrale Mesonen aufbauen kann, nämlich $\bar{u}u$ und $\bar{d}d$. Welches von beiden ist nun das beobachtete π^0-Meson? Die Antwort ist: beide zusammen. In diesem Fall kommt die Quantentheorie zum Tragen. Zur Hälfte ist das neutrale Meson ein $\bar{u}u$ und zur Hälfte ein $\bar{d}d$. Wie man sieht, ist das neutrale π-Meson ebenso wie das Photon sein eigenes Antiteilchen. Da es zur Hälfte aus Materie besteht, zur Hälfte aus Antimaterie, ist es sehr instabil. Unmittelbar nach seiner Erzeugung in einer Teilchenreaktion zerfällt es wieder, und zwar fast immer in zwei Photonen. Bei dieser Zerfallsreaktion handelt es sich um einen Prozess der elektromagnetischen

Wechselwirkung – das Quark und sein Antiquark zerstrahlen in Photonen.

Die geladenen π-Mesonen haben eine viel längere Lebensdauer (etwa ein Hundertmillionstel einer Sekunde). Für die Belange der Teilchenphysik ist diese Lebensdauer vergleichsweise lang. Es ist sinnvoll, statt der mittleren Lebensdauer die Strecke anzugeben, die ein Lichtstrahl in der betreffenden Zeit zurücklegen würde und die wir als Lichtlänge bezeichnen wollen. Bei den geladenen π-Mesonen sind das 7,8 m. Ein geladenes π-Meson kann nach seiner Erzeugung jedoch durchaus eine längere Strecke zurücklegen, z. B. 100 m, ohne vorher zu zerfallen, vorausgesetzt, es fliegt schnell genug. Der tiefere Grund für diese effektive Zeitverlängerung ist die von Einstein gefundene Relativität der Zeit. Die Lichtlänge für das neutrale Meson ist viele Größenordnungen kleiner, nur etwa 100-mal so groß wie ein Atom.

Die im Vergleich zum neutralen Meson viel längere Lebensdauer verdankt das geladene Meson der Tatsache, dass es sich bei seinem Zerfall um einen Prozess der schwachen Wechselwirkung handelt, eine Wechselwirkung, die auch bei radioaktiven Zerfällen vieler Atomkerne eine Rolle spielt. Wir werden später feststellen, dass die elektromagnetische und die schwache Wechselwirkung eng miteinander verbunden sind. Die geladenen π-Mesonen zerfallen in zwei Teilchen, in ein geladenes Myon, den bereits erwähnten schweren Bruder des Elektrons, und ein Neutrino, seinen elektrisch neutralen Partner.

Die Nukleonen und die π-Mesonen sind nicht die einzigen Teilchen, die man aus den Quarks im Rahmen der QCD aufbauen kann. Das bereits erwähnte Δ^{++}-Teilchen, oftmals Deltaresonanz genannt, gehört auch dazu. Es hat die Substruktur (uuu). Der Spin des Teilchens $^3/_2$ ergibt sich als eine einfache Addition der drei Spins der Quarks, die in diesem Fall alle in dieselbe Richtung drehen. Durch systematische Vertauschung von u nach d bemerkt man, dass es insgesamt vier Deltaresonanzen gibt, deren Substruktur folgendermaßen ist: (uuu), (uud), (udd), (ddd). Die elektrischen Ladungen sind gegeben durch: (+2, +1, 0, –1) Auch diese Teilchen bilden eine Isospin-Familie, bestehend aus vier Mitgliedern.

Die Deltateilchen sind, wie man sagt, Anregungen des Protons, die man durch einen Beschuss mit π-Mesonen erzeugen kann. Sie zerfallen auch sehr schnell wieder, etwa in der Zeit, die ein Lichtteilchen braucht, um einen Atomkern zu durchqueren, und zwar in Mesonen und Nukleonen. Die Lebensdauer dieser Teilchen ist so kurz, dass die Bezeichnung «Teilchen» eigentlich schon nicht mehr gerechtfertigt ist, denn das wichtigste Kennzeichen eines Teilchens ist seine Masse. Die Quantentheorie legt jedoch fest, dass es zwischen der Masse und der Lebensdauer eines Teilchens eine Unschärfebeziehung gibt. Je kürzer das Teilchen lebt, umso größer ist die Unschärfe in seiner Masse. Eigentlich kann man die Masse gar nicht mehr sehr genau angeben, sondern nur den Mittelwert der Masse, den man durch Mittelung vieler Ereignisse, bei denen das Teilchen beobachtet wird, herausfindet. Beim Deltateilchen ist diese 1232 MeV. Die Unschärfe der Masse bei den Deltateilchen, die als die Zerfallsbreite dieser Teilchen bezeichnet wird, beträgt immerhin fast 120 MeV, also etwa 10% der Masse.

Sowohl die Deltaresonanz (uud) und das Proton habe die gleiche Quarkstruktur, so dass man sich fragt, was denn der Unterschied zwischen beiden Teilchen ist. Dieser hat ausschließlich mit den Spins zu tun. Bei der Deltaresonanz zeigen die Spins der beiden u-Quarks und der Spin des d-Quarks in die gleiche Richtung, beim Proton nicht. Um aus einem Proton eine Deltaresonanz zu machen, müsste man den Spin eines Quarks umklappen. Jedoch kostet dieser Prozess Energie, genau die Energie, die sich in der Massendifferenz von fast 300 MeV niederschlägt.

Neben den Deltaresonanzen gibt es eine ganze Reihe weiterer instabiler Teilchen, die aus drei Quarks bestehen. Es handelt sich hierbei um Objekte, bei denen die Quarks neben ihrem Spin auch einen normalen Drehimpuls besitzen oder sich in angeregten Bahnzuständen befinden, ganz analog zu den angeregten Quantenzuständen, die aus der Atomphysik wohlbekannt sind. Auch bei den Mesonen gibt es entsprechende angeregte Zustände. Die π-Mesonen besitzen keinen Drehimpuls. Dies wird erreicht, weil sich die beiden Spins des Quarks und des Antiquarks gegenseitig kompensieren. Wird der eine Spin umgeklappt, erhält man ein Teilchen mit dem Spin 1, das eine wesentlich höhere Masse besitzt, nämlich 770 MeV und die Bezeichnung ϱ-Meson erhalten hat. Wie die Deltaresonanzen sind diese Mesonen sehr instabil und zerfallen unmittelbar nach ihrer Erzeugung in einer Teilchenkollision in zwei π-Mesonen. Die Breite des ϱ-Mesons ist enorm, etwa 150 MeV, also ca. 20 % der Masse.

Auch bei den Mesonen kennt man viele Resonanzen, bei denen die Quarks sich in angeregten Quantenzuständen befinden, etwa relativ zueinander einen Drehimpuls besitzen. Hunderte dieser kurzlebigen Teilchen sind in den Tabellen der Teilchenphysiker beschrieben. Auf sie im Detail einzugehen, ist im Rahmen dieser Darstellung nicht möglich.

Zum Aufbau der Kernmaterie werden die beiden Quarks u und d benötigt. Um die Feinheiten der Massen der beobachteten Teilchen zu verstehen, ist es unumgänglich, den Quarks eine wenn auch sehr kleine Masse zuzuschreiben. Sie ist von der Größenordnung von etwa 5 MeV, wobei das d-Quark eine etwas größere Masse als das u-Quark besitzt. Diese Tatsache ist beispielsweise der Grund dafür, dass das Neutron etwas schwerer als das Proton ist.

Im Verlauf der letzten vier Jahrzehnte des 20. Jahrhunderts haben die Teilchenphysiker viele neue Teilchen entdeckt, die sich mit Hilfe von vier weiteren Quarks beschreiben lassen. Sie werden mit den Symbolen s («strange», Ladung $-1/3$), c («charm», Ladung $2/3$), b («bottom», Ladung $-1/3$) und t («top», Ladung $2/3$) bezeichnet. Die vier neuen Quarks, die man analog zu (u, d) paarweise als (c, s) und (t, b) schreiben kann, treten als Bausteine schwerer Teilchen auf. Das hat mit der Tatsache zu tun, dass diese neuen Quarks eine Masse besitzen, die im Vergleich zu den recht kleinen Massen von u und d ganz beträchtlich ist und von etwa 150 MeV (s-Quark) bis 175 000 MeV (t-Quark) reicht. Das t-Quark ist damit etwa so schwer wie ein Goldatom, dessen Kern meistens aus 197 Nukleonen besteht.

Der Durchbruch der neuen theoretischen Ideen zu den Quarks erfolgte kurz nach dem denkwürdigen 11. November 1974, im Jargon der Teilchenphysiker oft auch als Novemberrevolution bezeichnet, als man am SLAC in Kalifornien und am amerikanischen Teilchenphysiklabor bei Brookhaven (Long Island) die Entdeckung eines höchst ungewöhnlichen Teilchens bekanntgab, dessen Lebensdauer etwa 10 000-mal größer war als erwartet. Es handelte sich hierbei um ein Meson, das aus einem c-Quark und seinem Antiquark bestand.

Teilchen, die ein s-Quark in sich bergen, wurden bereits in den 50er Jahren des 20. Jahrhunderts entdeckt, die sog. seltsamen Teilchen, lange vor der Aufstellung des Quarkmodells. Wenn man bei einem Neutron mit der Komposition (udd) eines der d-Quarks durch ein s-Quark ersetzt, erhält man ein neutrales Teilchen, Λ genannt, das ca. 150 MeV schwerer ist und die Komposition (uds) besitzt. Bemerkenswert ist die relativ lange Lebensdauer, gemessen an der Lichtlauflänge von fast 8 cm. Es zerfällt vornehmlich in ein Nukleon und ein π-Meson. Hierbei erfolgt die Umwandlung des s-Quarks in ein u-Quark, ein Prozess der schwachen Wechselwirkung, die im nächsten Kapitel näher betrachtet wird.

Neben dem Λ-Teilchen gibt es eine Reihe anderer Teilchen, die aus s-Quarks bestehen, darunter auch Teilchen mit zwei s-Quarks, etwa (uss), und ein Teilchen der Ladung –1, bestehend aus drei s-Quarks. Dieses Teilchen, Ω genannt, besitzt die Masse von etwa 1670 MeV und ist sozusagen das s-Analog zu der Deltaresonanz (uuu). Im Unterschied zur Letzteren ist es jedoch ungewöhnlich langlebig, seine Lichtlauflänge beträgt etwa 2,5 cm. Der Grund hierfür liegt darin, dass das Ω-Teilchen nur dann zerfallen kann, wenn sich die s-Quarks während des Zerfalls in u- oder d-Quarks umwandeln. Dies ist nur im Rahmen der schwachen Wechselwirkung möglich, nicht jedoch durch eine starke Wechselwirkung wie im Fall der Deltaresonanz. Dies erklärt die lange Lebensdauer des Ω-Teilchens. Die Entdeckung dieses Teilchens im Jahre 1964 am amerikanischen Brookhaven-Labor war einer der Meilensteine in der Entwicklung der Teilchenphysik im 20. Jahrhundert, da die Existenz dieses Teilchens und auch seine Masse im Rahmen von Symmetriemodellen der Elementarteilchen vorausgesagt worden waren.

Auch Mesonen, die s-Quarks beinhalten, sind seit langem bekannt, vor allem das leichteste Meson dieser Art, das K-Meson, mit einer Masse von etwa 496 MeV. Insgesamt gibt es vier K-Mesonen, entsprechend den Kompositionen $(\bar{u}s) \sim K^{+}$, $(\bar{s}u) \sim K^{-}$, $(\bar{d}s) \sim K^{o}$, $(\bar{s}d) \sim K^{-o}$. Wie bei den π-Mesonen handelt es sich bei den K-Mesonen um instabile Teilchen. Sie zerfallen, wobei sich das s-Quark wie beim Λ-Zerfall in ein u-Quark umwandelt.

Die bereits erwähnte Symmetrie des Isospins ist eine Symmetrie, die man erhält, indem man zwei Quarks, also die u-und d-Quarks, als Koordinaten eines zweidimensionalen Koordinatensystems interpretiert. Da die QCD-Wechselwirkung der Quarks nicht vom betrachteten Quarktyp abhängt und die Massen der beiden Quarks keine große Rolle spielen, kann man eine Drehung in diesem Koordinatensystem vornehmen, ohne dass sich bezüglich der Physik der starken Wechselwirkung etwas ändert. Diese Symmetrie ist die Isospin-Symmetrie. Würden die s-Quarks keine oder nur eine geringe Masse besitzen, könnte man sogar Rotationen in einem dreidimensionalen Raum der Quarks, aufgespannt durch die drei Achsen u, d, und s, betrachten. Die Masse des s-Quarks, etwa 150 MeV größer als die Massen von u und d, bricht zwar diese Symmetrie, jedoch kann man diese gebrochene Symmetrie, bezeichnet als SU(3) und zuerst von M. Gell-Mann und Y. Neeman studiert, durchaus zur Beschreibung der aus den drei Quarks u, d und s aufgebauten Hadronen verwenden. Sie sagt beispielsweise voraus, dass neben den beiden Nukleonen weitere sechs Partner existieren, darunter das erwähnte Λ-Teilchen. Zusammen bilden die acht Teilchen ein, wie man sagt, Oktett von Teilchen. Die Deltaresonanzen sind zusammen mit dem Ω-Teilchen und anderen Teilchen ein System von zehn Teilchen, ein Dekuplett.

Die Tatsache, dass die Zahl acht eine besondere Rolle in der SU(3)-Symmetrie hat, bezeichnete Gell-Mann als den achtfachen Weg, in Analogie zum Buddhismus. Hier wird der achtfache Weg durch die richtige Sichtweise, die richtige Absicht, die richtige Sprache, die richtige Aktion, den richtigen Unterhalt, die richtige Mühe, die richtige Achtsamkeit und die richtige Konzentration beschrieben.

Während man noch zu Beginn der 70er Jahre glaubte, dass den beobachteten Symmetrien der Teilchen eine tiefgründige Bedeutung zukommt, ist man heute sicher, dass diese Symmetrien weiter nichts als eine direkte Folge der Substruktur der Hadronen sind, die alle aus den Quarks aufgebaut sind. Die SU(3)-Symmetrie funktioniert deshalb einigermaßen gut, weil die Masse des s-Quarks nur etwa 150 MeV größer als die Masse der u- und d-Quarks ist. Wäre sie etwa 10-mal größer, würde man von einer Symmetrie kaum noch sprechen. Man erkennt dies schnell, wenn wir das s-Quark im Λ-Teilchen durch ein c-Quark ersetzen. Dieses Teilchen mit der Substruktur (udc) besitzt wegen der relativ großen Masse des c-Quarks eine viel höhere Masse als das Λ, nämlich 2285 MeV. Wenn man eine Symmetrie betrachtet, die neben den leichten Quarks u, d und s auch die c-Quarks beinhaltet (genannt SU(3)-Symmetrie), würde dieses schwere Teilchen zusammen mit den beiden Nukleonen in einer Teilchenfamilie auftauchen, die aus insgesamt acht Teilchen bestehen. Der Massenunterschied innerhalb dieser Familie wäre also mehr als 100 %, so dass es sich um eine stark gebrochene Symmetrie handelt.

Noch stärker gebrochen wären Symmetrien, mit deren Hilfe man auch die Teilchen, die b-Quarks beinhalten, beschreiben würde, nur sind hier die Massenunterschiede innerhalb der Familien so groß, dass das Konzept einer Symmetrie keinen Sinn mehr macht. So beträgt die Masse eines Baryons, das aus den Quarks u, d und b besteht (Substruktur (u,d,b)) etwa 5600 MeV, also mehr als das Fünffache der Masse des Protons.

Eine besondere Rolle unter den Quarks spielt das t-Quark, dessen riesige Masse von etwa 175 GeV die Physiker vor ein Rätsel stellt. Wegen der großen Masse zerfällt dieses Quark unmittelbar nach seiner Entstehung in einer Teilchenkollision in andere Quarks, denn je größer die Masse eines instabilen Teilchens ist, umso mehr Zerfallsmöglichkeiten gibt es. Es wird mithin schneller zerfallen. Ein Hadron, etwa mit der Komposition (u, d, t), kann in dieser kurzen Zeit gar nicht entstehen. Obwohl hierfür nur eine sehr kurze Zeit benötigt würde, die etwa der Zerfallszeit des Deltateilchens entspricht, ist dies für das t-Quark immer noch zu lang, denn es zerfällt noch schneller. Das t-Quark ist damit das einzige der bekannten sechs Quarks, das sich nicht als Baustein von hadronischen Teilchen manifestiert. Wie ein Phantom erscheint es als instabiles Objekt in hochenergetischen Teilchenkollisionen, nur um unmittelbar nach der Kollision zu verschwinden, indem es meistens in ein b-Quark und in andere Teilchen zerstrahlt.

Heute, nachdem die Schleier um die Geheimnisse der Atomkerne und der Kernteilchen gelüftet sind, ergibt sich ein Bild von den Kernkräften und ihren Bausteinen, das zum einen im Rahmen der Quantenfeldtheorie zu verstehen ist, zum anderen jedoch eine verwirrende Komplexität aufweist. Obwohl die Natur für den Aufbau der stabilen Atomkerne nur zwei Quarks, also u und d, benötigt, sind es sechs Quarks, die im Konzert der subnuklearen Kräfte mitspielen. Nach außen hin macht ein stabiler Atomkern einen gesetzten und ruhigen Eindruck, jedoch tief in seinem Innern brodelt es – ein komplexer Mikrokosmos von instabilen Hadronen tut sich auf, der bei jeder hochenergetischen Kollision des Kerns sich manifestiert.

9. Elektroschwache Wechselwirkungen

Neben der elektromagnetischen Kraft, die zwischen den Leptonen und den Quarks wirkt, gibt es noch eine weitere wichtige Wechselwirkung, die universell auf den Leptonen und auf den Quarks wirkt, die schwache Wechselwirkung. Sie ist zum Beispiel verantwortlich dafür, dass das Neutron im Betazerfall nach kurzer Zeit in ein Proton, ein Neutrino und ein Elektron zerfällt:

$$n \rightarrow p + e^- + \nu_e$$

Alle Reaktionen der schwachen Wechselwirkungen lassen sich in zwei verschiedene Kategorien einteilen, in Reaktionen, bei denen sich die elektrische Ladung des Teilchens ändert wie zum Beispiel beim Betazerfall – hier verwandelt sich ein neutrales Neutron in ein geladenes Proton. Aber es gibt auch Reaktionen, bei denen sich die elektrische Ladung nicht ändert, etwa bei Reaktionen, bei denen Neutrinos gestreut werden, zum Beispiel bei der Reaktion $\nu + p \rightarrow \nu + p$.

Die ersten Reaktionen nennt man Prozesse des geladenen Stroms, die zweiten Prozesse des neutralen Stroms. Typisch für all diese verschiedenen Prozesse ist, dass vier Fermionen beteiligt sind. Manchmal wandelt sich ein Fermion in drei andere Fermionen um, wie beim Betazerfall, manchmal reagieren zwei Fermionen miteinander, wobei sich auch zwei andere Fermionen bilden können, zum Beispiel bei der Reaktion $\nu_\mu + n \rightarrow \mu^- + p$.

Eigentümlich für alle Reaktionen der schwachen Wechselwirkung ist die Tatsache, dass sie sich alle durch eine gemeinsame Konstante beschreiben lassen, die gewissermaßen die Stärke der Wechselwirkung charakterisiert. Diese Konstante, bezeichnet als Fermi-Konstante, benannt nach dem italienischen Physiker Enrico Fermi, hat man experimentell genau bestimmt. Sie ist recht klein, nur etwa $1{,}16 \times 10^{-5}\,\mathrm{GeV}^{-2}$. Man sollte registrieren, dass die Fermi-Konstante keine dimensionslose Zahl wie etwa die Feinstrukturkonstante ist, sondern die Dimension einer inversen Energie im Quadrat hat. Die Kleinheit der Fermi-Konstante ist der eigentliche Grund für die Tatsache, dass die schwachen Wechselwirkungen schwach sind, auf jeden Fall viel schwächer als die elektromagnetischen.

Trotzdem ist es für den theoretischen Physiker sehr unbefriedigend, mit einer dimensionsbehafteten Größe zu arbeiten. Mit einer solchen Größe kann man keine konsistente Theorie entwickeln, die auch in der Lage ist, die Quantenprozesse zu beschreiben. Grund hierfür ist, dass in der Fermi-Konstante eine charakteristische Energie untergebracht ist. Den oben angegebenen Wert der Konstante kann man wie folgt umschreiben: $1{,}16 \times 10^{-5}\,\mathrm{GeV}^{-2} = (294\,\mathrm{GeV})^{-2}$. Damit tritt in der schwachen Wechselwirkung eine charakteristische Energie auf, die Energie von 294 GeV. Genauere Studien ergeben, dass bei Energien, die groß gegenüber dieser Energie sind, das uns bekannte Bild der schwachen Wechselwirkung zusammenbrechen muß – etwas Neues muß an seine Stelle treten.

Das einfachste neue Bild wäre eines, bei dem die schwache

Wechselwirkung zwischen vier Teilchen auf ähnliche Weise erzeugt wird wie die elektromagnetische Wechselwirkung zwischen Elektronen, und zwar durch die Vermittlung von virtuellen Kraftteilchen. Als Beispiel betrachten wir den Zerfall eines Neutrons. Wir nehmen an, dass das Proton in ein Neutron verwandelt wird, wobei ein virtuelles Teilchen emittiert wird, ein W^-. Dieses Teilchen lebt als virtuelles Teilchen nur sehr kurz und erzeugt ein Elektron und ein Antineutrino.

In gewisser Weise ist der Prozess analog zur elektromagnetischen Wechselwirkung zwischen zwei Elektronen, die durch den Austausch eines virtuellen Photons ausgelöst wird. Man muss nur das virtuelle Photon durch ein W-Teilchen, manchmal auch W-Boson genannt, ersetzen. Dabei ist allerdings zu beachten, dass das W-Boson elektrisch geladen ist, während das Photon elektrisch neutral ist.

Ganz analog können wir auch die Prozesse des neutralen Stroms beschreiben. In diesem Fall benötigen wir ein neues neutrales Teilchen, das zwischen den betreffenden Fermionen ausgetauscht wird, genannt das Z-Boson. Wenn zum Beispiel ein Neutrino an Materie gestreut wird und dabei ein Neutrino bleibt, dann wird in diesem Prozess ein Z-Boson vom Neutrino emittiert. Dieses tritt dann mit der Materie in Wechselwirkung.

Die Beschreibung der schwachen Wechselwirkungen durch den Austausch von virtuellen Bosonen vereinfacht die Situation ganz beträchtlich. Die elementare Wechselwirkung ist jetzt nicht mehr die von Fermi betrachtete Wechselwirkung zwischen vier Fermionen, sondern die Wechselwirkung zwischen zwei Fermionen und den Bosonen. Damit wird die schwache Wechselwirkung ganz analog zur elektromagnetischen. Die Stärke dieser Wechselwirkung lässt sich nunmehr auch durch eine einfache Zahl (ohne Dimension) beschreiben.

Wie lässt sich jedoch die Fermi-Konstante im Rahmen einer solchen Theorie diskutieren? Man sieht leicht, dass die W- und Z-Bosonen eine Masse tragen müssen. Beispielsweise ist die Masse des W-Bosons unmittelbar mit der Fermi-Konstante verknüpft. Die oben erwähnte kritische Energie von 294 GeV ist nichts weiter als die Masse des W-Bosons, dividiert durch die

Konstante der Wechselwirkung zwischen den Fermionen und dem W-Boson.

Bevor wir uns den Massen zuwenden, müssen wir uns also zuerst einige Gedanken über die Stärke der eigentlichen Wechselwirkung machen. Da die Vermittlung der Wechselwirkung über die schwachen Bosonen arrangiert wird, ganz so wie in der QED, stellt sich insbesondere die Frage: Ist diese Analogie zwischen elektromagnetischer und schwacher Wechselwirkung nur formal oder beruht sie auf einem direkten physikalischen Zusammenhang zwischen beiden Wechselwirkungen? Ein solcher Zusammenhang könnte zum Beispiel existieren, wenn die schwache Wechselwirkung nicht wirklich schwach ist, sondern sich nur bei relativ kleinen Energien als schwach erweist, weil die Massen der W- und Z-Bosonen sehr groß sind. Nehmen wir allerdings an, dass die elementare Wechselwirkung von Fermionen und W-Bosonen gleich der elektromagnetischen Wechselwirkung von Elektron und Photon ist, erhält man ein Problem, denn in diesem Fall müsste die Masse des W-Bosons 37 GeV betragen, ein Wert, der schon vor vielen Jahren als zu leicht ausgeschlossen werden konnte.

Außerdem möchten wir hier noch bemerken, dass zwischen der elektromagnetischen und der schwachen Wechselwirkung auch ein erheblicher Unterschied besteht, was die Frage der Raumspiegelung betrifft. Betrachten wir einmal ein beliebiges Fermion, zum Beispiel ein Elektron oder ein Quark. Wir können dieses Fermion aus einem linkshändigen und einem rechtshändigen Fermion zusammensetzen. Ein rechtshändiges Fermion ist ein Teilchen, dessen Spin genau in die Richtung des Impulses zeigt – man kann es sich wie eine Rechtsschraube vorstellen. Demgegenüber ist ein linkshändiges Fermion ein Teilchen, dessen Spin genau in die Richtung entgegengesetzt zur Impulsrichtung zeigt.

Wenn wir jetzt eine Spiegelung im Raum betrachten, so wandelt sich etwa ein linkshändiges Fermion in ein rechtshändiges um. Wäre die Natur symmetrisch bezüglich der Raumspiegelung, so müssten also linkshändige und rechtshändige Fermionen dieselben Wechselwirkungen zeigen. Dies ist genau der Fall bei den elektromagnetischen Wechselwirkungen, nicht jedoch bei den schwachen. Bereits im Jahre 1956 wurde experimentell festgestellt, dass die schwachen Wechselwirkungen die Spiegelungssymmetrie verletzen, eine Tatsache, die als Nichterhaltung der Parität in die Annalen der Physik einging. Man fand die ersten Effekte dieser Art beim Studium des schwachen Zerfalls von Kobalt in Nickel.

In der Folge stellte sich heraus, dass die Verletzung der Parität bei den Leptonen und Quarks sehr einfach zu beschreiben ist, wenn man sich auf die Wechselwirkung der Fermionen mit den W-Bosonen beschränkt. Nur die linkshändigen Leptonen und Quarks haben eine Wechselwirkung mit den W-Bosonen, nicht die rechtshändigen. Damit hat die Wechselwirkung der W-Bosonen mit den Fermionen eine wesentlich andere Struktur als die Wechselwirkung der Fermionen mit dem Photon. Warum die Natur diese Linkslastigkeit bei der schwachen Wechselwirkung zeigt, ist bis heute unbekannt. Wir müssen sie als Faktum akzeptieren, wissen aber nicht, warum es so ist.

Wir haben oben erwähnt, dass die W-Bosonen ein Elektron in ein Neutrino verwandeln können, und umgekehrt. Dieser Sachverhalt erinnert an eine ähnliche Situation in der Chromodynamik. Die Gluonen in der QCD haben die Fähigkeit, die verschiedenen Farben der Quarks ineinander zu verwandeln, zum Beispiel ein rotes Quark in ein grünes Quark. Dies ist deswegen möglich, weil die Gluonen sich bei den Farbtransformationen verhalten wie die Ladungen der Farbgruppe SU(3), die ja die Eichgruppe der Theorie darstellt. Könnte es sein, dass die W-Bosonen analog zu den Gluonen Eichbosonen sind? Was wäre dann die entsprechende Eichgruppe?

Die letzte Frage lässt sich rasch beantworten. Bezüglich der schwachen Wechselwirkung treten die Leptonen und Quarks immer als Dupletts auf:

$$\begin{pmatrix} \nu_e \\ e^- \end{pmatrix}_L \quad \begin{pmatrix} u \\ d \end{pmatrix}_L \quad \text{usw.}$$

(gemeint sind hierbei die Dupletts der linkshändigen Fermionen).

Die Gesamtheit der Transformationen, die wir betrachten müssen, betrifft also die Gesamtheit von Transformationen innerhalb eines Dupletts, und das ist die Gruppe SU(2), im Unterschied zur Gruppe SU(3) für die starke Wechselwirkung. Diese Gruppe besitzt drei Ladungen. Zwei dieser Ladungen kann man leicht mit den bereits eingeführten schwachen Ladungen identifizieren, also den Ladungen, welche die obere Komponente eines Dupletts in die untere verwandelt, oder umgekehrt, also etwa $u_L \rightarrow d_L$, und umgekehrt. Diese Ladungen verändern die elektrische Ladung um eine Einheit. Es gibt dann noch eine dritte, diesmal elektrisch neutrale Ladung. Wie soll diese interpretiert werden? Ist sie etwa weiter nichts als die schwache Ladung, die man für die Beschreibung der Wechselwirkung des neutralen Stroms benötigt, oder ist es komplizierter?

Bevor wir diese Frage diskutieren, wollen wir noch ein anderes Problem aufgreifen. Unser Ziel ist es, die W- und Z-Bosonen als die Eichbosonen einer Eichtheorie der schwachen Wechselwirkung zu interpretieren, in Analogie zur QCD. Nun sind jedoch die Gluonen in der QCD masselose Objekte wie die Photonen. Die W- und Z-Bosonen sind jedoch massive Objekte, und dies stellt ein schwerwiegendes Problem dar. Es ist leider nicht möglich, die Masse für die Eichbosonen in einer Eichtheorie einfach einzuführen, ohne dass die Theorie unsinnige Resultate liefert.

Es gibt jedoch eine interessante Möglichkeit, die Massen der Eichbosonen zu erhalten, ohne dass man sie explizit einführt, eine Möglichkeit, die im Jahre 1965 zum ersten Mal von einer Reihe von Theoretikern diskutiert wurde, darunter von P. Higgs. Der Trick besteht darin, dass man neben den Eichbosonen noch skalare Bosonen einführt. Letztere haben eine Wechselwirkung mit den Eichbosonen, und diese hat unter anderem die Folge, dass die Eichbosonen letztlich durch die Wechselwirkung eine Masse erhalten. Diese Wechselwirkung führt allerdings zur gleichen Zeit auch zu einer Verletzung der vorliegenden Eichsymmetrie, so dass sich für diesen Mechanismus der Begriff «Spontane Symmetriebrechung» eingebürgert hat. Im Jahre 1971 konnte von G. 't Hooft und M. Veltman gezeigt werden, dass die

Einführung der Massen mit Hilfe dieses Tricks keine unsinnigen Resultate liefert. Im Jahre 1999 erhielten Veltman und 't Hooft hierfür den Nobelpreis für Physik.

Die einfachste Möglichkeit, eine Eichtheorie für die schwache Wechselwirkung zu konstruieren, besteht darin, die Eichgruppe SU(2) zu verwenden. Die linkshändigen Leptonen und Quarks wären dann Dupletts, die rechtshändigen wären Singuletts, da sie an der Wechselwirkung nicht teilnehmen. In diesem Fall hätten wir drei Eichbosonen, die wir als die beiden W-Bosonen und das Z-Boson interpretieren. Alle drei Eichbosonen hätten in dieser Theorie die Eigenschaft, nur mit den linkshändigen Fermionen eine Wechselwirkung einzugehen.

Im Jahre 1977 gelang es, mehr Informationen über die neutrale schwache Wechselwirkung zu erhalten. Dabei stellte sich insbesondere heraus, dass die neutrale Wechselwirkung anders agiert als die geladene, indem sie auch eine Wechselwirkung mit den rechtshändigen Fermionen eingeht. Die Möglichkeit einer einfachen SU(2)-Theorie, wie oben angedeutet, ist damit also ausgeschlossen, denn in einer solchen Theorie wäre auch die neutrale schwache Wechselwirkung nur auf die linkshändigen Fermionen beschränkt.

Wir wissen, dass die elektromagnetische Wechselwirkung sowohl auf den linkshändigen als auch auf den rechtshändigen Fermionen wirkt, ähnlich wie die Wechselwirkung des neutralen Stroms. Dies legt nahe, eine Theorie ins Auge zu fassen, in der die elektromagnetische und die schwache Wechselwirkung zusammengefasst werden. Theorien dieser Art wurden schon vor langer Zeit diskutiert, insbesondere von Sheldon Glashow im Jahre 1962, von Abdus Salam und John Ward im Jahre 1964, von Steven Weinberg im Jahre 1967 und von Salam im Jahre 1968. Für die Aufstellung der Theorie erhielten Glashow, Salam und Weinberg im Jahre 1979 den Nobelpreis für Physik. Mittlerweile hat es sich herausgestellt, dass die schwachen Wechselwirkungen im Rahmen dieser Theorie sehr gut beschrieben werden können.

In einer einheitlichen Theorie der elektromagnetischen und schwachen Wechselwirkungen, oder, wie man heute sagt, der elektroschwachen Wechselwirkungen, müssen insgesamt vier Eichbosonen verarbeitet werden, die beiden W-Bosonen, das Z-Boson und das Photon. Aus diesem Grunde müssen wir die Eichgruppe erweitern. Die einfachste Möglichkeit besteht darin, eine weitere U(1)-Gruppe hinzuzufügen. Man erhält damit die Eichgruppe SU(2) × U(1), also eine Eichgruppe, die aus dem Produkt von SU(2) und U(1) besteht.

Nehmen wir einmal an, wir gehen von dieser Gruppe aus und erzeugen die Massen der Eichbosonen mit Hilfe der spontanen Symmetriebrechung. Man findet dabei etwas Bemerkenswertes. Die beiden W-Bosonen erhalten eine gewisse Masse, die man vorerst beliebig wählen kann. Die beiden anderen Bosonen, die elektrisch neutral sind, geben ein interessantes Spektrum: Das eine neutrale Boson erhält eine Masse, die etwas größer als die Masse des W-Bosons ist, das andere Boson bleibt jedoch masselos. Letzteres wird mit dem Photon identifiziert, während das massive neutrale Boson das Z-Boson ist. Wir erhalten damit eine Theorie, welche die elektromagnetische und schwache Wechselwirkung direkt miteinander koppelt. Außerdem sind Photon und Z-Boson eng miteinander verwandt.

Da die elektromagnetische Wechselwirkung mit der des neutralen Stroms in engem Zusammenhang steht, ergibt sich automatisch, dass das Z-Boson sowohl mit den linkshändigen als auch mit den rechtshändigen Fermionen wechselwirkt. Allerdings kann man die Wechselwirkung des neutralen Stroms nicht exakt voraussagen. Sie hängt noch von einem Parameter ab, der im Rahmen der Theorie nicht bestimmt ist, sondern experimentell bestimmt werden muß. Es ist üblich, diesen Parameter durch einen Winkel zu charakterisieren, den man als sog. schwachen Winkel (Symbol Θ_w) bezeichnet. Dieser Winkel beschreibt, wie stark die elektromagnetischen und schwachen Wechselwirkungen miteinander verknüpft sind. Im speziellen Fall $\Theta_w = 0$ gibt es keine solche Verknüpfung. Allerdings ist dieser Fall vom Experiment her ausgeschlossen. Man findet für den Winkel Θ_w heute einen Wert von 28,7° ($\sin^2 \Theta_w = 0{,}231$).

In der SU(2) × U(1)-Theorie der elektroschwachen Wechselwirkungen erhält man eine wichtige Voraussage. Die Massen der W- und Z-Bosonen sind fixiert, vorausgesetzt, man kennt den Parameter Θ_w. Beide Bosonen wurden am CERN im Jahre 1984 in Proton-Antiproton-Kollisionen entdeckt und mittlerweile genau gemessen. Man findet: M(W) = 80,45 GeV und M(Z) = 91,19 GeV, in ausgezeichneter Übereinstimmung mit der Theorie.

Um das Z-Boson genauer zu studieren, bauten die europäischen Physiker am CERN einen neuen Elektron-Positron-Speicherring, genannt LEP, der im August 1989 seinen Betrieb aufnahm. Im Laufe der Zeit beobachtete man die Zerfälle von etwa 20 Millionen Z-Bosonen. Mit Hilfe von LEP gelang es, die Parameter der elektroschwachen Wechselwirkungen mit hoher Präzision festzulegen, etwa die Masse des Z-Bosons oder den Wert des elektroschwachen Mischungswinkels, der oben angegeben wurde. Bemerkenswert war auch die Tatsache, dass die experimentellen Resultate sehr gut mit den Voraussagen der elektroschwachen Theorie übereinstimmten. Viele Theoretiker hatten erwartet, dass mit Hilfe von LEP Abweichungen von der Theorie gemessen würden – dies stellte sich als falsch heraus. Die Natur folgt genau den Vorgaben, die im Rahmen der elektroschwachen Theorie gemacht werden können. Das LEP-Forschungsprogramm war letztlich eine glänzende Bestätigung der Voraussagen der SU(2) × U(1)-Theorie.

Abschließend sei jedoch erwähnt, dass neue Ergebnisse der Neutrinophysik auf Tatsachen hinweisen, die im Rahmen des einfachsten Modells nicht erwartet worden waren. Im einfachsten Modell, basierend auf der Eichgruppe SU(2) × U(1), erwartet man, dass die Neutrinos masselos sind. Insbesondere mit Hilfe des Neutrinodetektors, den man seit Jahren nahe Kamioka in Japan betreibt, ist es gelungen, Oszillationen von Neutrinos zu beobachten. Dies bedeutet, dass beispielsweise ein Myon-Neutrino, das etwa bei einem schwachen Zerfall abgestrahlt wird, sich beim Flug durch den Raum umwandeln kann, zum Beispiel in ein Tau-Neutrino. Eine solche Umwandlung ist durchaus möglich, wenn die Neutrinos eine Masse besitzen. Es besteht dann kein triftiger Grund, dass zum Beispiel ein Myon-Neutrino ein Masseneigenzustand ist, also eine bestimmte Masse besitzt.

Es könnte ebenso eine Mischung von mindestens zwei, möglicherweise sogar drei Massenzuständen sein. Da man in den schwachen Zerfällen die Neutrinomassen wegen ihrer Kleinheit nicht beobachten kann, besteht diese Möglichkeit ohne weiteres.

Da jedoch die verschiedenen Massenzustände sich mit verschiedenen Geschwindigkeiten ausbreiten, ändert sich die Struktur der Neutrinos als Funktion der Massenzustände. Ein Myon-Neutrino kann dann ohne weiteres ein Tau-Neutrino werden, danach wieder ein Myon-Neutrino usw. Ein Elektron-Neutrino, das die Sonne verlässt, kann sich auf seinem Weg zur Erde in ein anderes Neutrino umwandeln. Solche Umwandlungen hat man im japanischen Kamioka und im Neutrino-Detektor bei Sudbury in Kanada beobachtet. In Kanada untersuchte man sowohl Neutrinoreaktionen mit den Atomkernen, bei denen Elektronen entstehen, als auch Reaktionen des neutralen Stroms. Letztere findet man, indem man elastische Neutrinoreaktionen untersucht, bei denen nur eine Streuung der Elektronen passiert.

Aus den Experimenten muss man schließen, dass Neutrinomischungen tatsächlich in der Natur realisiert sind, mit Mischungswinkeln, die relativ groß sind. Andererseits müssen die Neutrinomassen sehr klein sein. Zwar kennt man die genaue Größe der Massenskala noch nicht, jedoch spricht vieles dafür, dass die Neutrinomassen im Bereich von weniger als 1 eV liegen sollten. In Zukunft wird man die Neutrinomassen genauer bestimmen können. Die Neutrinophysik ist damit heute ein sehr interessantes Kapitel in der Teilchenphysik geworden.

10. Die Große Vereinigung

Es ist offenbar, dass mit der Aufstellung von Theorien der elektroschwachen Wechselwirkungen (SU(2)×U(1)-Theorie) und der starken Kräfte (SU(3)-Theorie) der modernen Physik ein beachtlicher Durchbruch gelungen ist. Fast alle Phänomene der

Elementarteilchen, die sich auf die schwachen, elektromagnetischen oder starken Wechselwirkungen beziehen, kann man im Rahmen dieser Theorien verstehen. Es gibt jedoch auch Phänomene, bei denen dies nicht gelingt. Ein wichtiges Beispiel hierfür ist die Tatsache, dass die elektrischen Ladungen der Leptonen und Quarks fixiert sind, oder, wie man heute sagt, quantisiert. Die elektrischen Ladungen des Elektrons und des Myons sind -1, die der Quarks $^2/_3$ oder $-^1/_3$. Es sieht so aus, als würde ein bislang nicht bekanntes Gesetz die Ladungen zwingen, die oben erwähnten Werte anzunehmen. Es fällt zudem auf, dass die Ladungen $^2/_3$ und $-^1/_3$ für die Quarks auftreten, also für Farbtripletts, während die Ladung des Elektrons, das keine Farbe trägt, also ein Farbsingulett ist, ganzzahlig ist.

Man erkennt bald, dass in der $SU(2) \times U(1)$-Theorie die elektrischen Ladungen beliebig sein können, da in der Theorie ein freier Parameter, der Winkel Θ_w, auftritt. Es wäre z. B. ein Leichtes, die Ladungen der u-Quarks zu $2/\pi$ anstelle von $^2/_3$ festzulegen. Eine Quantisierung der Ladungen kann man deshalb nur erhalten, wenn gleichzeitig auch der Mischungswinkel Θ_w fixiert wird.

Ein weiteres Problem ist die Stärke der starken Wechselwirkung, verglichen mit der Stärke der elektroschwachen Wechselwirkung. Man muss sich fragen, ob es möglicherweise eine Theorie gibt, die sowohl die starken als auch die elektroschwachen Wechselwirkungen korrekt beschreibt und darüber hinaus auch noch die Stärken dieser Wechselwirkungen richtig wiedergibt. Wir erwähnten, dass das chromodynamische Analogon der Feinstrukturkonstante α_s bei einer Energie $E = M_z$ etwa 0,12 ist, also fast genau $^1/_8$, während z. B. die elektromagnetische Feinstrukturkonstante α bei $E = M_z$ etwa $^1/_{128}$ ist, also 16-mal kleiner. Diese Tatsache müsste in der vereinigten Theorie der Wechselwirkungen richtig beschrieben werden.

Wir versuchen jetzt, eine vereinigte Theorie der starken und elektroschwachen Wechselwirkungen zu konstruieren. In der Theorie haben wir es mit einem Produkt von drei verschiedenen Eichgruppen zu tun: $SU(3) \times SU(2) \times U(1)$. Eine einheitliche Theorie aller Wechselwirkungen lässt sich konstruieren, indem man diese drei Eichgruppen in eine größere Gruppe einbettet. Rein mathematisch ist dies kein großes Problem. Jedoch muss man zusätzlich beachten, dass auch die Fermionen richtig wiedergegeben werden. Letztere dürfen nur als Farbsinguletts (Leptonen) oder als Farbtripletts (Quarks) erscheinen. Diese Forderung schränkt das Angebot möglicher Gruppen stark ein. Es gibt tatsächlich nur sehr wenige Gruppen, die diesen Forderungen genügen.

Die kleinste Gruppe, die sowohl die Farbgruppe SU(3) als auch die Gruppe SU(2)×U(1) enthält und zugleich die Fermionen richtig wiedergibt, ist die Gruppe SU(5). Wir erinnern uns: Die Fermionen der ersten Lepton-Quark-Familie sind

$$\begin{pmatrix} \nu_e \\ e^- \end{pmatrix} \quad (e^+) \quad \begin{pmatrix} uuu \\ ddd \end{pmatrix} \quad (\bar{u}\bar{u}\bar{u}) \quad (\bar{d}\bar{d}\bar{d}).$$

Analog beschreibt man die Fermionen der beiden anderen Familien. Wie man sieht, hat man insgesamt 15 Fermionen pro Familie, eingeschlossen die drei Farben der Quarks. Wir teilen jetzt die Fermionen in zwei Systeme ein:

$$\begin{pmatrix} \nu_e \vdots & \\ & \bar{d}\bar{d}\bar{d} \\ e^- \vdots & \end{pmatrix}, \quad \begin{pmatrix} uuu \vdots & \\ & \bar{u}\bar{u}\bar{u},\ e^+ \\ ddd \vdots & \end{pmatrix}.$$

Das erste System enthält fünf Fermionen, das zweite zehn. Es erweist sich, dass diese beiden Fermionensysteme zwei verschiedene Darstellungen der Gruppe SU(5) sind, wie der Mathematiker sagt. Dies bedeutet, dass unter einer SU(5)-Transformation die Komponenten sich nach genau vorgegebenen Gesetzen transformieren, also dabei auch vermischt werden.

Diese Gesetze legen auch die elektrischen Ladungen fest. Die elektrische Ladung ist natürlich eine der Ladungen der Gruppe SU(5), die insgesamt $5^2-1=24$ Ladungen besitzt. (Je größer eine Gruppe ist, umso mehr Ladungen besitzt sie. Die Gruppe U(1) hat nur eine Ladung, die Gruppe SU(2) besitzt drei, und die

Gruppe SU(3) der Farbladungen besitzt acht. Die Gruppe SU(n), n beliebig, hat n^2-1 Ladungen.

Die Ladungen einer Gruppe haben die interessante Eigenschaft, dass sich null ergibt, wenn man die Ladungen der Elemente einer Darstellung summiert. Deshalb müssen sich die elektrischen Ladungen der betrachteten fünf Fermionen zu null addieren. Da die elektrische Ladung des Neutrinos null ist, erhält man nunmehr eine Beziehung zwischen der elektrischen Ladung des Elektrons und der elektrischen Ladung des d-Quarks:

$$Q(e^-) = \frac{1}{3}\,Q(d).$$

Man findet also genau die elektrischen Ladungen, die man in der Natur beobachtet. Zudem ist der auftretende Faktor 3 nichts weiter als die Anzahl der Farben der Quarks. Die Drittelzahligkeit der Ladungen und die Farben der Quarks hängen also miteinander zusammen. Ganz analog finden wir die elektrische Ladung des u-Quarks zu $2/3$, denn seine Ladung ist genau um eins größer als die Ladung des d-Quarks.

Wir können im Rahmen der SU(5)-Theorie auch den Winkel Θ_w und die chromodynamische Feinstrukturkonstante berechnen. Man erhält hier:

$$\Theta_w = 37{,}8°,\ \alpha_s = 8/3\alpha \approx 1/51.$$

Diese beiden Werte bilden jedoch ein Problem, denn sie stimmen überhaupt nicht mit den experimentell gefundenen Werten überein. So ist der Winkel Θ_w in der Nähe von 28,7° und nicht 37,8°. Zudem ist α_s längst nicht so klein wie oben angedeutet.

Es gibt jedoch noch ein weiteres Problem in der SU(5)-Theorie. Diese Theorie hat 24 Eichbosonen, entsprechend den 24 Ladungen. Diese umfassen die acht Gluonen der QCD, die beiden *W*-Bosonen, das *Z*-Boson und das Photon, also zwölf Eichbosonen. Die anderen zwölf Eichbosonen sind neue Bosonen, die neue Wechselwirkungen verursachen. Diese Wechselwirkungen sind äußerst merkwürdig, denn sie können z. B. ein Lepton in ein Quark verwandeln. Dass dies ohne weiteres möglich ist, sieht man an den Darstellungen der SU(5) – diese enthalten sowohl

Quarks als auch Leptonen, und die Elemente einer Darstellung können durch eine Gruppentransformation immer ineinander transformiert werden.

Eine der Konsequenzen dieser neuen Wechselwirkungen ist, dass ein Proton nicht stabil ist, sondern in leichtere Teilchen zerfallen kann, zum Beispiel in ein Positron, das die elektrische Ladung des Protons aufnimmt, und in ein π°-Meson. Solch ein Zerfall verletzt das Gesetz von der Erhaltung der Baryonenzahl, das also von den neuen Wechselwirkungen nicht respektiert wird. Der erwähnte Zerfall tritt deswegen auf, weil sich durch die neuen Wechselwirkungen zwei Quarks im Proton in ein Positron und ein Antiquark verwandeln – diese Reaktion ist erlaubt im Rahmen der neuen Wechselwirkungen. Das Letztere bildet mit dem verbleibenden Quark ein π°-Meson.

In der SU(5)-Theorie hängt die Lebensdauer des Protons von den Massen der zwölf neuen Eichbosonen ab. Die beobachtete Stabilität des Protons sagt aus, dass die Masse dieser Teilchen enorm sein muß, mindestens etwa 10^{15} GeV. Nur dann ist sichergestellt, dass Protonen so lange leben, wie sie es entsprechend den Experimenten tun, nämlich mindestens etwa 10^{31} Jahre. Man beachte, dass dieses Alter viele Größenordnungen größer ist als das Alter des Universums, das heute auf etwa 14 Milliarden Jahre geschätzt wird, also auf ein Alter von der Größenordnung 10^{10} Jahre. Dass man für das Alter von Protonen eine Zeit angeben kann, die sehr viel länger ist als das Zeitalter des Universums, liegt daran, dass man bei der Suche nach Protonenzerfällen die Möglichkeit ausnutzt, sehr viele Protonen zu untersuchen, die sich z.B. in vielen Tonnen von Wasser befinden. Obwohl die Zerfallswahrscheinlichkeit für ein Proton sehr klein ist, kann man etwas aussagen, wenn man viele Protonen anschaut.

Wegen der hohen Masse der neuen Eichbosonen ist man veranlasst, die Vereinheitlichung der starken, elektromagnetischen und schwachen Wechselwirkungen erst bei Energien über 10^{16} GeV anzunehmen. Erst bei Energien über 10^{16} GeV wird die SU(5)-Theorie also wirksam. Das Auftreten einer neuen Energieskala, nämlich 10^{16} GeV, hat eine interessante Konsequenz. Falls die SU(5)-Theorie stimmt, müssen die Kopplungsstärken der starken, elektromagnetischen und schwachen Wechselwirkungen bei Energien von mehr als 10^{16} GeV alle gleich sein, denn die verschiedenen Wechselwirkungen sind nichts weiter als verschiedene Manifestationen ein und derselben einheitlichen Theorie. Deshalb muss man erwarten, dass bei etwa 10^{16} GeV der schwache Mischungswinkel tatsächlich fast genau 38° ist und zwischen den Stärken der starken und der elektromagnetischen Wechselwirkung die Beziehung $\alpha_s = 8/3\alpha$ besteht.

Nun ist jedoch zu beachten, dass unser Wissen über die Kopplungsstärken der Wechselwirkungen von Experimenten stammt, die bei relativ niedrigen Energien, also bei $E \leq 10^2$ GeV, durchgeführt wurden. Es ist nicht gerechtfertigt, diese Kopplungsstärken gleichzusetzen mit den Kopplungsstärken, die man bei 10^{16} GeV erwartet. Tatsächlich erwartet man im Rahmen der Quantenfeldtheorie, dass sich die Kopplungsstärken als Funktion der betreffenden Energieskala langsam ändern. So wird die Kopplungsstärke der QCD wegen der Eigenschaft der asymptotischen Freiheit bei wachsender Energie kleiner, während die Kopplungsstärke der U(1)-Theorie langsam zunimmt.

Mit Hilfe des LEP-Rings am CERN war es möglich, die Parameter der $SU(2) \times U(1)$-Theorie sehr genau zu bestimmen. Die recht präzise Kenntnis der Kopplungsstärken erlaubt es nun, die Extrapolation zu höheren Energien vorzunehmen. Man findet, dass die drei Kopplungsstärken sich bei etwa 10^{15} GeV nahe kommen, sich jedoch nicht in einem Punkt schneiden, wie es von der Theorie gefordert wird.

Das Verhalten der Kopplungskonstanten als Funktion der Energie deutet durchaus darauf hin, dass die Idee der Vereinigung der fundamentalen Kräfte sinnvoll ist. Nur scheint es so zu sein, dass auf dem langen Weg von den heute zugänglichen Energien bis zur Energie, wo die Vereinigung stattfindet, etwas mehr passiert als die langsame Veränderung der Kopplungsparameter als Folge ihrer Wechselwirkungen. Beispielsweise könnte es sein, dass bei Energien in der Nähe von 1000 GeV neue Symmetrien und damit auch neue Wechselwirkungen auftreten.

Eine Reihe von Theoretikern diskutiert heute das Auftreten der sog. Supersymmetrie. Symmetrien, mit denen wir es bislang zu tun hatten, etwa der Isospin, umfassen Teilchen desselben Spins. Mit Hilfe einer Symmetrietransformation kann man beispielsweise ein Proton in ein Neutron verwandeln, nicht aber ein Proton mit dem Spin 1/2 in ein Meson mit dem Spin 0. Im Rahmen der Supersymmetrie ist es jedoch möglich, Teilchen mit Spin 1/2 in Teilchen mit ganzzahligem Spin umzuwandeln. So wird bei einer solchen Transformation aus einem Quark ein Teilchen mit Spin 0, das es allerdings im Spektrum der beobachteten Teilchen gar nicht gibt. Es muss also ein neues Teilchen sein, dessen Masse genügend groß ist, so dass es bis heute nicht beobachtet wurde. Man bezeichnet dieses Teilchen als «Squark», was so viel bedeutet wie supersymmetrischer Partner eines Quarks. Tatsächlich gibt es in der supersymmetrischen Variante des heutigen «Standardmodells» zu jedem «alten» Fermion ein neues Boson und zu jedem «alten» Boson ein neues Fermion. Der supersymmetrische Partner des Photons, der Spin 1/2 besitzt, ist das hypothetische Photino.

Bis heute ist es unklar, ob in der Natur die Supersymmetrie realisiert ist. Falls dies der Fall ist, muss es eine kritische Energieskala geben, bei der die Symmetrie gewissermaßen in Kraft gesetzt wird. Diese Energie würde auch die Massenskala für die supersymmetrischen Teilchen angeben. Meistens nimmt man heute an, dass die Supersymmetrie, falls sie überhaupt realisiert ist, bei einer Energie von ca. 1000 GeV einsetzt.

Beim Vorhandensein von Supersymmetrie verändert sich das Verhalten der Kopplungsstärken bei Energien, bei denen die Symmetrie realisiert ist, da dann auch die supersymmetrischen Partner in den Wechselwirkungen auftreten und ihre Beiträge zu den Veränderungen der Kopplungsparameter liefern. Es erweist sich, dass bei der Präsenz der supersymmetrischen Partner ab etwa 1000 GeV die Kopplungsstärken tatsächlich an einem Punkt zusammenkommen, und zwar bei etwa $1{,}5 \times 10^{16}$ GeV. Man kann also eine supersymmetrische Variante der SU(5)-Theorie aufstellen, die konsistent mit den heutigen experimentellen Werten ist. Zudem findet sich, dass in der supersymmetrischen Version der SU(5)-Theorie das Proton nach wie vor instabil ist, aber etwas länger lebt als in der nicht supersymmetrischen Ver-

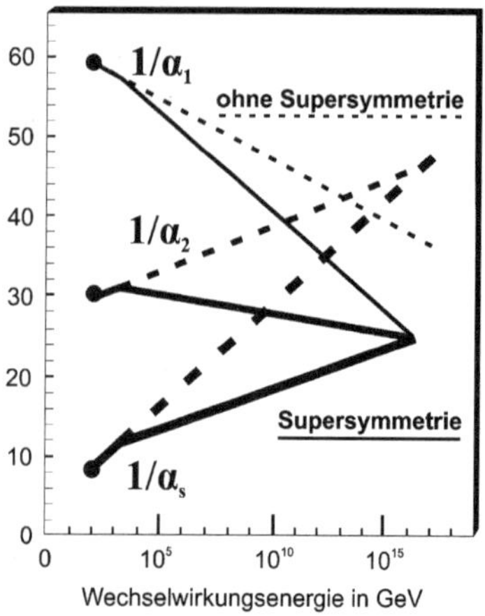

Abb. 10.1: Das Verhalten der Kopplungskonstanten ohne Supersymmetrie und mit Supersymmetrie

sion der Theorie, etwa 10^{33} Jahre. Mit einer solchen vergleichsweise langen Lebensdauer sind die heute erhältlichen experimentellen Daten ohne weiteres verträglich.

Man sollte allerdings in der SU(5)-Theorie nicht mehr sehen als das Beispiel einer Theorie, in der die drei beobachteten Wechselwirkungen tatsächlich vereinigt werden. Es gibt jedoch auch andere Theorien, die dies leisten. Von besonderem Interesse ist dabei eine Theorie, die auf der Symmetriegruppe SO(10) beruht; aufgestellt von P. Minkowski und dem Autor sowie von H. Georgi. Diese beschreibt die Symmetrie eines zehndimensionalen Raumes. Zum Vergleich: Der dreidimensionale Raum, in dem wir leben, besitzt die Symmetrie SO(3), die Symmetrie aller Drehungen im Raum. Die SO(10)-Theorie besitzt die interessante Eigenschaft, dass sie eine Darstellung hat, die aus 16 Elementen besteht. Damit ergibt sich die Möglichkeit, alle Fermionen einer Familie samt ihren Antiteilchen in einer einzigen Darstellung der Symmetrie zu beschreiben, beispielsweise die Fermionen der ersten Familie:

$$\begin{pmatrix} \nu_e & \vdots & uuu & \vdots & \bar{u}\bar{u}\bar{u} & \vdots & \nu_e \\ e^- & \vdots & ddd & \vdots & \bar{d}\bar{d}\bar{d} & \vdots & e^+ \end{pmatrix}$$

Die SO(10)-Theorie ist größer als die SU(5)-Theorie. Sie enthält Letztere als eine Teilsymmetrie und besitzt 45 Eichbosonen. Es ist bemerkenswert, dass man in der SO(10)-Theorie eine Vereinigung der Kopplungskonstanten erreichen kann, ohne auf die Supersymmetrie zurückzugreifen. Dies ist deswegen möglich, weil es in der Theorie mehr Eichbosonen als in der SU(5)-Theorie gibt, darunter auch Partner der W-Bosonen, die auf den rechtshändigen Fermionen wirken. Allerdings sind diese Teilchen wesentlich schwerer als die normalen W-Bosonen und deshalb mit heutigen Mitteln nicht beobachtbar. Bei hohen Energien sind diese Teilchen jedoch präsent und modifizieren das Verhalten der Kopplungsparameter. Man erreicht eine Konvergenz der Kopplungsparameter, wenn die Massen der neuen, oben erwähnten Eichbosonen bei etwa 10 000 GeV liegen. Die SO(10)-Theorie ist damit ebenso konsistent mit den Beobachtungsdaten wie die supersymmetrische Version der SU(5)-Theorie. Die Zukunft wird zeigen, ob die Natur tatsächlich von diesen theoretischen Möglichkeiten Gebrauch macht. Gemeinsam ist diesen Theorien, dass das Proton instabil ist und eine Lebensdauer aufweist, die nicht sehr viel größer ist als die Grenze, die das Experiment heute umfasst.

Falls das Proton tatsächlich in Leptonen und Photonen zerfallen kann, bedeutet dies, dass die Baryonenzahl nicht exakt erhalten ist. Das würde helfen, eines der merkwürdigsten Phänomene in unserem Universum zu erklären. Die Materie in unserer Welt besteht zum größten Teil aus Nukleonen – und die wiederum aus den Quarks. Antimaterie, bestehend aus Antiquarks, scheint in der Welt praktisch nicht vorzukommen, denn zumindest die Sterne in unserer Galaxie bestehen aus Materie, nicht aus Antimaterie.

Es gibt auch Hinweise darauf, dass ferne Galaxien aus Materie, also nicht aus Antimaterie, bestehen. Damit ist die Baryonenzahl des sichtbaren Universums riesig. Zudem wissen wir, dass vor etwa 14 Milliarden Jahren das Universum im Urknall entstanden ist, also in einer Explosion, bei der die Materie in einer sehr heißen Phase vorlag. Wäre die Baryonenzahl streng erhalten, wäre sie kurz nach der Urexplosion so groß wie heute.

Unser Kosmos müsste also bereits mit einer recht großen Baryonenzahl geboren worden sein. Das macht keinen rechten Sinn. Viel besser wäre es, wenn die Baryonenzahl am Anfang null wäre und wenn es am Anfang genauso viele Quarks wie Antiquarks gegeben hätte. Genau dies ist möglich, wenn die Baryonenzahl nicht streng erhalten ist wie in der SU(5)- oder in der SO(10)-Theorie. Es sind die neuartigen Kräfte, die in diesen Theorien wirken und zur Folge haben, dass die Baryonenzahl am Anfang null war, aber heute einen riesigen Wert besitzt. Die heutige Baryonenzahl ist damit ein historisches Produkt. In der fernen Zukunft des Universums wird sie andere Werte als heute annehmen.

11. Fazit

Die Elektrodynamik und die Chromodynamik haben eines gemeinsam. In diesen Theorien sind die Elektronen und die Quarks punktförmige Objekte, besitzen also keine innere Struktur. Damit befinden sich die Elektronen und die Quarks auf derselben Stufe der Elementarität. Wie bei den Elektronen hat man auch bei den Quarks versucht, eine innere Struktur nachzuweisen, bislang ohne Erfolg. Die Grenze für einen möglichen Substrukturradius, die man mit Hilfe der großen Beschleuniger LEP am CERN bei Genf, der HERA-Maschine am Hamburger DESY und dem TEVATRON-Beschleuniger des US-Labors Fermilab bei Chicago fand, liegt bei den Quarks ebenso wie beim Elektron bei etwas weniger als 10^{-16} cm. Trotzdem kann es sehr wohl sein, dass die Leptonen und Quarks eine innere Struktur besitzen, also aus noch kleineren Objekten bestehen. Die Theoretiker haben eine Reihe von Modellen dieser Art entwickelt, aber auf sie soll hier nicht eingegangen werden, da es sehr unsicher ist, ob diese Modelle überhaupt Sinn machen.

Mit der Aufstellung des heutigen Standardmodells ist es gelungen, eine Beschreibung der in der Natur wirkenden fundamentalen Kräfte und der Teilchen zu finden. Dies stellt jedoch keinen Abschluss der physikalischen Grundlagenforschung dar, denn eine Reihe entscheidender Fragen werden innerhalb dieses Modells nicht beantwortet. Wohl die wichtigste Frage ist die nach der Herkunft der Teilchenmassen. Die für die Struktur der Materie bedeutsamsten Massen sind die Elektronenmasse (0,511 MeV) und die Protonenmasse (938 MeV). Heute können wir sagen, dass die Herkunft der Protonenmasse im Rahmen der Theorie der QCD verstanden ist. Die Theorie liefert ein sehr einfaches und unmittelbar einleuchtendes Bild. Sie ist nichts weiter als die Bewegungsenergie E der Quarks und Gluonen im Inneren eines Protons und ergibt sich aus Letzterer entsprechend der Äquivalenz von Masse und Energie, gegeben durch Einsteins Gleichung: $M = E/c^2$. Die Protonenmasse und darüber hinaus die Massen der Atomkerne repräsentieren damit die Feldenergie der Quarks und Gluonen in den Kernteilchen. Wichtig ist für diese Interpretation die Substruktur des Protons. Die Masse ist eine direkte Folge der endlichen Ausdehnung des Protons, die etwa ein Hunderttausendstel der Ausdehnung eines Wasserstoffatoms beträgt.

Im Standardmodell wird die Elektronenmasse durch die Kopplung des Elektronenfeldes an das Higgs-Feld erzeugt. Die Stärke dieser Kopplung, die proportional zur Elektronenmasse ist, wird jedoch durch keinerlei theoretische Bedingungen festgelegt. Sie ist völlig frei wählbar – eine unbefriedigende Situation.

Zur Beschreibung der Wechselwirkungen zwischen den Elektronen und den Photonen hat man eine Theorie entwickelt, die mit Recht als die wohl erfolgreichste Theorie überhaupt bezeichnet werden kann, die Quantenelektrodynamik. Sie erlaubt es, Reaktionen zwischen diesen Teilchen mit höchster Präzision zu berechnen. Allerdings ist dies nur möglich, wenn man neben den Elektronen noch ein weiteres Teilchen einbezieht, das Positron, also das Antiteilchen des Elektrons, das dieselbe Masse wie das Elektron besitzt.

In der Theorie geht man davon aus, dass die beteiligten Teilchen, also Elektronen, Positronen und Photonen, keine innere Struktur besitzen. Ein Elektron ist danach ein Massenpunkt, der der elektromagnetischen Wechselwirkung unterliegt. Ganz so einfach ist jedoch die Situation nicht, denn die Quantentheorie sagt aus, dass als Folge der Unschärfebeziehungen der leere Raum nicht ganz leer ist, sondern mit virtuellen, d.h. nur bei ganz kleinen Abständen und in kleinen Zeiträumen existierenden Elektron-Positron-Paaren angefüllt ist. Es finden ständig im Vakuum Paarerzeugungs- und -vernichtungsreaktionen statt.

Direkte makroskopische Folgen haben diese Prozesse nicht, aber sie beeinflussen die Umgebung des Raumes um ein Elektron. Es kommt zu einer Polarisation des Vakuums. In der Nähe des Elektrons überwiegen die virtuellen Positronen, was zur Folge hat, dass die elektrische Ladung des Elektrons teilweise durch die Wolke der virtuellen Positronen abgeschirmt wird. Wenn wir also ein Elektron von außen betrachten, sehen wir kein punktförmiges Elektron, sondern das Elektron samt seiner aus virtuellen Teilchen bestehenden Wolke. Man nennt dies ein physikalisches Elektron, im Unterschied zu einem Elektron ohne seine Polarisationswolke, das als nacktes Elektron bezeichnet wird, ein reines theoretisches Objekt ist und dessen elektrische Ladung größer als die Ladung des physikalischen Elektrons sein muss.

Als Folge der Quantentheorie ist also ein punktförmiges Elektron gar nicht so punktförmig. Bei vergleichsweise großen Distanzen sieht es zwar wie ein Punkt aus, wenn man jedoch Distanzen untersucht, die kleiner als etwa ein Hundertstel der Ausdehnung eines Atoms sind, machen sich die Effekte der Vakuumpolarisation bemerkbar, und im Rahmen der Quantenelektrodynamik sind diese Effekte bemerkenswert. Wenn man ausrechnet, wie groß denn die Ladung des nackten Elektrons im Vergleich zur gemessenen Ladung des physikalischen Elektrons ist, findet man allerdings ein unsinniges Resultat – sie ist unendlich groß.

Dies ist nicht die einzige unangenehme Überraschung, die die Theorie liefert. Etwas Ähnliches findet man, wenn man die Masse des Elektrons betrachtet. Entsprechend der Äquivalenz von Energie und Masse wird das elektrische Feld eines Elektrons zur Masse beitragen, denn ein elektrisches Feld bedeutet, dass im Raum eine Energiedichte vorliegt. Eine Berechnung des Massenbeitrags des Feldes liefert wiederum ein unsinniges, unendlich großes Resultat. Dies ist leicht zu verstehen, denn im Rahmen der Theorie nimmt man an, dass das Elektron keinerlei innere Struktur besitzt, sondern punktförmig ist. Demzufolge wird das elektrische Feld bei sehr kleinen Distanzen sehr stark, und eine quantitative Betrachtung ergibt, dass der Feldbeitrag zur Masse unendlich groß ist. Die Annahme des unendlich Kleinen bezüglich der inneren Struktur des Elektrons führt also zu unsinnigen Unendlichkeiten. Es könnte allerdings sein, dass das Elektron eine innere Struktur besitzt, die sich erst bei sehr kleinen Distanzen, beispielsweise bei 10^{-18} cm, bemerkbar macht. Dann wäre das Elektron also nicht unendlich klein, sondern hätte einen zwar kleinen, aber endlichen Radius. Man kann sich leicht davon überzeugen, dass dann keine Unendlichkeiten mehr auftreten. Vielmehr tritt der Radius des Elektrons in den Rechnungen auf. Trotz intensiver Bemühungen ist es bis heute nicht gelungen, einen experimentellen Hinweis auf eine Substruktur des Elektrons zu finden. Stattdessen kann man eine Grenze angeben: Der innere Radius des Elektrons, falls er nicht null, also unendlich klein ist, muss kleiner als etwa ein Hunderstel der Ausdehnung der Kernteilchen sein.

Am Anfang des 20. Jahrhunderts beobachtete man beim Wasserstoffatom ein Energiespektrum, das zwar eine einfache Struktur aufwies, aber theoretisch völlig unverstanden blieb, bis zur Entwicklung der Quantentheorie, die den Schleier des Geheimnisses lüftete. Das Massenspektrum der Leptonen und Quarks wartet auf eine tiefere theoretische Durchdringung. Neue Einsichten erhielt man in der Teilchenphysik meist dann, wenn die experimentellen Daten auf eine einfache Struktur der Phänomene hinweisen, und langsam wird dieses Stadium erreicht.

Im theoretischen Bild des Standardmodells sind die Leptonen und Quarks Punkte, also Singularitäten im Raum, die mit Kraftfeldern ausgestattet sind. Können solche unendlich kleinen Punkte überhaupt eine Masse besitzen? Falls ja, warum ist dann die Masse des Myons 207-mal größer als die Masse des Elektrons, obwohl beide Teilchen sich nur durch die Masse und sonst durch nichts unterscheiden? Es kann sehr wohl sein, dass man in Zukunft gezwungen ist, die Vorstellung eines Massenpunktes aufzugeben. So könnten die Massen der Leptonen und Quarks auch eine Folge einer Substruktur dieser Teilchen sein, so wie die Protonenmasse eine Folge seiner Substruktur ist. Möglicherweise werden die Effekte einer Substruktur und Hinweise auf neue Bausteine im Innern der Leptonen und Quarks bald mit Hilfe der Beschleunigerexperimente entdeckt.

Es gibt einen anderen wichtigen Grund, von der Interpretation der Leptonen und Quarks als punktartige Massensingularitäten abzugehen. Es ist bis heute nicht gelungen, die Wechselwirkungen des Standardmodells mit der Gravitation zu einer einheitlichen Theorie zusammenzufügen. Dies liegt vor allem daran, dass die Gravitation in der von Albert Einstein gegebenen Fassung Ausdruck einer Krümmung von Raum und Zeit ist. Während etwa bei der elektromagnetischen Wechselwirkung der Übergang von der klassischen Theorie zur Quantentheorie ohne weiteres möglich ist, stellt dies im Fall der Gravitation ein bislang ungelöstes Problem dar. Eine Quantentheorie der Gravitation wäre gleichzeitig auch eine Quantentheorie des Raumes und der Zeit. Letztere sind jedoch die Fundamente, auf denen das Gebäude des Standardmodells errichtet wurde, und eine Änderung dieser Fundamente ist nicht ohne weiteres möglich. Trotzdem kann man abschätzen, dass bei sehr kleinen Abständen, genauer bei etwa 10^{-33} cm, die durch die Quantentheorie bedingten Unschärfen die übliche Raum-Zeit-Struktur zerstören. Wenn ein Elektron also tatsächlich eine Massensingularität ist, dann wird sie bei der angegebenen, allerdings winzigen Distanz letztlich doch aufgeweicht. Nur weiß niemand, wie das Elektron dann wirklich aussieht.

Manche Theoretiker vermuten, dass die Leptonen und Quarks Manifestationen von kleinsten eindimensionalen Objekten sind, den «superstrings». Ein kleines fadenförmiges Gebilde ist in der Tat weniger singulär als ein Punkt, und es hat sich herausgestellt, dass man mit Hilfe der «superstrings» weniger Probleme hat, eine konsistente Theorie der Quantengravitation zu entwerfen. Allerdings muss man voraussetzen, dass die Raum-Zeit im Universum, die durch vier Dimensionen beschrieben wird – drei für den Raum, eine für die Zeit –, auf zehn Dimensionen erweitert wird.

Dies sieht nur vordergründig wie ein Konflikt mit der alltäglichen Beobachtung aus, denn man kann es so einrichten, dass nur vier der zehn Dimensionen makroskopisch wirksam sind, während die restlichen sechs sich nur bei sehr kleinen Distanzen, bei denen die Effekte der Gravitation wirksam werden, bemerkbar machen. Ein einfaches Modell kann dies veranschaulichen. Ein Blatt Papier wird eng zusammengerollt. Bei größerer Distanz sieht es dann wie ein eindimensionales Gebilde aus. Die zweite Dimension sieht man erst, wenn man Distanzen betrachtet, die vergleichbar mit der Dicke der Rolle sind. Analog stellt man sich vor, dass die sechs weiteren Dimensionen aufgerollt sind.

Sollte unser Raum tatsächlich im Kleinen weitere Dimensionen besitzen, könnte man diese sogar benutzen, um Phänomene in der Teilchenphysik mit ihnen in Verbindung zu bringen. Bis heute ist nicht klar, warum die Natur die Zahl drei bevorzugt, denn man beobachtet drei Familien von Leptonen und Quarks, wobei die Quarks wiederum in drei verschiedenen «Farben» auftreten. Es könnte sein, dass diese Symmetriestrukturen direkt etwas mit den verborgenen Dimensionen zu tun haben, so dass letztlich die Phänomene der Elementarteilchen auf eine geometrische Weise erklärt werden können. Weitere Forschung auf diesem Gebiet ist im Gange.

Die Erfolge der Elementarteilchenphysik machen es jedoch klar, dass es erstaunlich ist, wieviel wir von unserer Welt begreifen können. Auch scheint es so zu sein, dass wir bei den kleinsten Teilen der Materie letztlich auf mathematische Formeln stoßen, so wie es von dem griechischen Philosophen Plato vorausgesehen wurde. Wissenschaft, Philosophie und Ästhetik werden auf diese Weise zusammengeführt

Ob und wie ein solcher geometrischer Zugang zur Physik der Elementarteilchen je Erfolg haben wird, ist nach wie vor ein Geheimnis, ebenso wie die Struktur der Massen der Leptonen und Quarks, die zwar im Standardmodell unendliche kleine Objekte sind, dies aber eventuell nicht sind. Dieses Geheimnis wirft seine Schatten weit in das neue Jahrtausend hinein, etwa im Sinne von Bertolt Brecht, der im Jahre 1921 in sein Tagebuch schrieb: «Wo es kein Geheimnis gibt, gibt es keine Wahrheit.»

Weiterführende Literatur

K. Bethge und U. Schroeder, Elementarteilchenphysik, Darmstadt 1986.

H. Fritzsch, Vom Urknall zum Zerfall. München 1999.

H. Fritzsch, Quarks, München 2001.

W. Heisenberg, Was ist ein Elementarteilchen?, in: Die Naturwissenschaften 63/1976, S. 1–7.

H. Hilscher, Elementare Teilchenphysik, Braunschweig 1996.

O. Hoefling und P. Waloschek, Die Welt der kleinsten Teilchen, Hamburg 1984.

G. Kane, The Particle Garden, Reading 1995.

L. Lederman und D. Schramm, From Quarks to the Cosmos, New York 1989.

P. Waloschek und O. Meyer, Schlüssel zur Physik, Düsseldorf 1989.

S. Weinberg, The Discovery of Subatomic Particles, New York 1983.

Register

Aus dem Verlagsprogramm

Naturwissenschaften in C. H. Beck Wissen

Hans-Joachim Blome/Harald Zaun

Der Urknall

Anfang und Zukunft des Universums
2004. 128 Seiten mit 7 Abbildungen. Paperback
C. H. Beck Wissen Band 2337

Hubert Goenner

Einsteins Relativitätstheorien

Raum, Zeit, Masse, Gravitation
3., aktualisierte Auflage. 2002
110 Seiten mit 9 Abbildungen. Paperback
C. H. Beck Wissen Band 2069

Dieter B. Herrmann

Antimaterie

Auf der Suche nach der Gegenwelt
2., aktualisierte Auflage. 2004
112 Seiten mit 20 Abbildungen. Paperback
C. H. Beck Wissen Band 2104

Gert-Ludwig Ingold

Quantentheorie

Grundlagen der modernen Physik
2., aktualisierte Auflage. 2003
128 Seiten mit 28 Abbildungen und 1 Tabelle. Paperback
C. H. Beck Wissen Band 2186

Thomas Junker

Geschichte der Biologie

Die Wissenschaft vom Leben
2004. 128 Seiten mit 25 Abbildungen. Paperback
C. H. Beck Wissen Band 2334

Detlef Linke

Das Gehirn

3. Auflage. 2002
101 Seiten mit 12 Abbildungen. Paperback
C. H. Beck Wissen Band 2121

Naturwissenschaften in C. H. Beck Wissen

Klaus Mainzer
Materie
Von der Urmaterie zum Leben
1996. 110 Seiten. Paperback
C. H. Beck Wissen Band 2034

Klaus Mainzer
Zeit
Von der Urzeit zur Computerzeit
4. Auflage. 2002.
144 Seiten. Paperback
C. H. Beck Wissen Band 2011

Günter Siefarth
Geschichte der Raumfahrt
2001. 121 Seiten mit 13 Farbabbildungen
auf Tafeln. Paperback
C. H. Beck Wissen Band 2153

Thomas Walther/Herbert Walther
Was ist Licht?
Von der klassischen Optik zur Quantenoptik
2., aktualisierte Auflage. 2004
136 Seiten mit 40 Abbildungen und 10 Farbtafeln
C. H. Beck Wissen Band 2122

Horst Weber
Laser
Eine revolutionäre Erfindung
1998. 136 Seiten mit 50 Abbildungen
und 9 Tabellen. Paperback
C. H. Beck Wissen Band 2090

Franz M. Wuketits
Evolution
Die Entwicklung des Lebens
2000. 118 Seiten mit 21 Abbildungen
C. H. Beck Wissen Band 2138

C.H.BECK **WISSEN**

in der Beck'schen Reihe

Zuletzt erschienen:

2048: Honomichl, **Insekten**
2182: Rossi, **Der Vatikan**
2211: Demmler, **Schumanns Sinfonien**
2315: Kolb, **Gustav Stresemann**
2316: Reutter, **Voodoo**
2317: Hacker, **Menschen, Seuchen und Mikroben**
2319: Padberg, **Bonifatius**
2320: Osterhammel/Petersson, **Geschichte der Globalisierung**
2321: Gronke, **Geschichte Irans**
2322: Rothermund, **Mahatma Gandhi**
2323: Schorn-Schütte, **Königin Luise**
2326: Kratz, **Die Propheten Israels**
2327: Bohn, **Die Piraten**
2328: Cancik-Kirschbaum, **Die Assyrer**
2329: Schulz/Doering, **Klassik**
2330: Arens/Braun, **Die Indianer Nordamerikas**
2331: Jánosi, **Die Pyramiden**
2332: Meier, **Justinian**
2333: Steinbacher, **Auschwitz**
2334: Junker, **Geschichte der Biologie**
2335: Simek, **Götter und Kulte der Germanen**
2336: Sinn, **Athen**
2337: Blome/Zaun, **Der Urknall**
2338: Thorau, **Die Kreuzzüge**
2339: Tamcke, **Das orthodoxe Christentum**
2340: Schwerhoff, **Die Inquisition**
2341: Riese, **Machu Picchu**
2342: Parzinger, **Die Skythen**
2343: Halm, **Die Araber**
2344: von Brück, **Zen**
2345: Müller, **Doping**
2346: Fritzsch, **Elementarteilchen**
2347: Thamer, **Die Französische Revolution**
2349: Jursa, **Die Babylonier**
2350: Chaniotis, **Das antike Kreta**
2352: Rudolph, **Islamische Philosophie**
2353: Böhm, **Geschichte der Pädagogik**
2354: Höllmann, **Die Seidenstraße**
2356: Hösch, **Geschichte des Balkans**
2357: Alt, **Friedrich Schiller**
2500: Rümelin, **Paul Klee**
2501: Busch, **Adolph Menzel**